21世纪课程教材系列辅导丛书

模拟电子技术学习方法与解题指导

（第3版）

王鲁杨　等 编著

同济大学 出版社
TONGJI UNIVERSITY PRESS

内 容 提 要

本书是"模拟电子技术"课程的学习指导书,为配合该课程的教学而编写,从学生"学"的角度提供了全面的辅导。全书共分 9 章,基本覆盖了模拟电子技术课程的全部内容。每章包括理论要点、基本要求、典型例题、习题及答案四个部分。书中通过大量的例题帮助读者掌握"模拟电子技术"课程的基本概念、基本原理和基本分析方法;通过习题使读者练习并检查学习情况,例题与习题的内容由浅到深,适合于不同需要的读者。书中编入 4 套模拟试题(其中,A,B 两套适用于高职、高专;C,D 两套适用于本科),可帮助读者熟悉课程考试的基本情况。

本书可作为学习"模拟电子技术"课程的高等学校本科、高职、高专以及电大、职大、函大、夜大、成人教育学院学生的辅助教材,也可作为有关教师的教学参考书。

图书在版编目(CIP)数据

模拟电子技术学习方法与解题指导/王鲁杨等编著
--3 版.--上海:同济大学出版社,2019.4
ISBN 978-7-5608-8517-9

Ⅰ.①模… Ⅱ.①王… Ⅲ.①模拟电路－电子技术－高等学校－教学参考资料 Ⅳ.①TN710.4

中国版本图书馆 CIP 数据核字(2019)第 058229 号

模拟电子技术学习方法与解题指导(第 3 版)

王鲁杨　等 编著

| 责任编辑 | 张平官　朱　勇 | 责任校对　徐春莲 | 封面设计　陈益平 |

出版发行	同济大学出版社　　www.tongjipress.com.cn
	(地址:上海市四平路 1239 号　邮编:200092　电话:021－65985622)
经　　销	全国各地新华书店
印　　刷	大丰科星印刷有限责任公司
开　　本	787mm×960mm　1/16
印　　张	14.25
字　　数	285000
版　　次	2019 年 4 月第 3 版　　2019 年 4 月第 1 次印刷
书　　号	ISBN 978-7-5608-8517-9
定　　价	36.00 元

编写人员名单

主　编　王鲁杨

编著者　王鲁杨　王禾兴　于艾清

　　　　　高小飞　金　丹　刘　春

第 3 版前言

本书自 2004 年初版问世以来，受到了广大读者的欢迎，也得到了同行的一致好评，不少学校将本书选作"模拟电子技术"课程的辅导教材。对此，我们表示衷心的感谢！

2009 年，本书经修订出版了第 2 版，在该版中，修订了书中存在的一些差错和疏误，更正了个别地方的物理量符号、计量单位符号等使用不规范处，对部分电路图元件符号使用不符合国标的也做了更改。

一晃 10 年过去了，随着学科的发展，以及使用本书的师生的意见反馈，我们对本书再次做了修订。

第 3 版对第 2 版内容的修订工作主要包括下述几个方面。

1. "半导体二极管及其基本电路"一章中，在"理论要点"部分增加了 1.1.4 小节"特殊二极管"和 1.1.5 小节"二极管的应用"；在"典型例题"部分增加了对含有两个二极管电路的分析方法的详细介绍，细化了有关例题的输出波形；删除了"习题"中过于复杂的题目。

2. "半导体三极管及放大电路基础"一章中，在"理论要点"部分增加了对放大电路性能指标输入电阻、输出电阻的意义和求解方法的讲解，增加了关于电压放大电路和电流放大电路对输入电阻、输出电阻要求不同的内容，增加了 2.1.7 小节"场效应管 FET"；在"习题"部分增加了简答题。

3. "集成电路运算放大器"一章中，在"理论要点"部分增加了 3.1.1 小节"模拟集成电路及其结构特点"，增加了对于"人为地把一对任意信号分解为差模信号和共模信号"的说明，增加了差分式放大电路静态分析和动态分析中的"两'半电路'"的内容；在"习题"部分增加了简答题。

4. "功率放大电路"一章中，在"习题"部分增加了简答题，增加了对功率放大电路进行设计的题目。

5. 将第 2 版中的"放大电路的频率响应"一章，压缩为 2.1.6 小节"放大电路频率响应基本概念",并入"半导体三极管及放大电路基础"一章。

6. "放大电路中的反馈"一章中,在"理论要点"部分增加了"判别是否存在反馈"的方法;明确了判断串联反馈或并联反馈的"一点两点"法、判断电压反馈或电流反馈的"输出短接"法;补充了"反馈放大电路的组成框图";在"习题"部分增加了简答题。

7. "集成运放的线性应用"一章,在"习题"部分增加了简答题。

8. "信号产生电路"一章中,在"理论要点"部分增加并强化了"迟滞比较器"的内容;在"典型例题"和"习题"部分增加了对迟滞比较器进行设计的题目;并在"习题"部分增加了 1 道 RC 正弦波振荡电路的题目。

9. "直流稳压电源"一章中,在"理论要点"部分对滤波电路、稳压电路、三端集成稳压器等内容进行了补充,使其更加充实,并引出了开关稳压电源的概念;在"习题"部分增加了简答题。

10. 对"模拟试卷 C(本科)"和"模拟试卷 D(本科)"做了较大改动,主要是增加了简答题、二极管电路分析、运算电路的设计、功率放大电路的设计、迟滞比较器的设计等题目,去掉了滤波电路、运算电路的分析、功率放大电路的分析等题目。

本书第 3 章、第 5 章、第 6 章、模拟试卷 A、B、C、D 及答案由王鲁杨编写,第 7 章、第 8 章由王禾兴编写,第 1 章由高小飞编写,第 2 章由于艾清编写,第 4 章由金丹编写,部分习题由刘春编写,全书由王鲁杨主编。

欢迎读者对书中的不当之处给予指正,以使本书的质量进一步提高。

近年来,随着高职教育的大力推进,"模拟电子技术"课程教学受众越来越广泛,虽然本书编写的初衷是帮助大学本科学生作该课程的学习辅导之用,但相信,本书也能帮助广大高职学生顺利学好"模拟电子技术"课程。

杨国光先生曾参编了本书的第 1 版和第 2 版,在此特表衷心的谢意。

感谢同济大学出版社及张平官编审在本书出版修订中给予的支持和帮助。

王鲁杨于上海

2018 年 11 月 6 日

初版前言

本书是根据 1995 年国家教委批准颁布的修订后的《高等学校工科电子技术基础课程教学基本要求》编写的辅导教材，是学生学习"模拟电子技术"课程的指导书。

"模拟电子技术"课程中概念较多，分析方法多，器件和电路类型较复杂，尤其现在课时一再压缩，使学生普遍感到该课程难学，最集中的体现就是课后习题不会做。为帮助学生方便系统地学好本课程，掌握基本概念，掌握解答各类题型的思路、方法、规律和技巧，培养学生分析问题、解决问题的实际能力，我们编写了此书。

全书共分 9 章，内容包括半导体器件、基本放大电路、多级放大电路和集成电路运算放大器、功率放大电路、放大电路的频率响应、放大电路中的反馈、集成运放的线性应用、信号产生电路和直流稳压电源。各章均设有理论要点、基本要求、典型例题、习题及答案四个部分。

在每章的理论要点中，系统地总结了该章的主要内容，突出了重点和难点；基本要求部分，说明了对不同内容的要求程度；典型例题部分由浅到深地编入各种类型的题目，讲述基本概念、基本分析方法在解题过程中的应用；通过习题部分，进一步培养学生分析问题、解决问题的实际能力。

本书的内容是基于国内应用较广的教材提炼总结的，如康华光主编的《电子技术基础模拟部分(第四版)》(高等教育出版社,1999 年)、宋学军主编的《模拟电子技术》(科学出版社,1999 年)等。它适用于本科、专科、高职和成人高等教育院校的学生自学、复习和备考。

书中的第 1 章、第 2 章、第 6 章由杨国光编写，第 3 章、第 5 章、第 8 章由王禾兴编写，第 4 章、第 7 章、第 9 章、模拟试卷 A、B、C、D 及答案由王鲁杨编写。全书由王鲁杨任主编。

由于编者水平有限，书中会有各种不足和缺陷，敬请有关专家和读者批评、指正。

编　者

2004 年 4 月

目　　录

第 3 版前言

初版前言

1　半导体二极管及其基本电路 ……………………………………………… （1）

　1.1　理论要点 ……………………………………………………………… （1）

　　1.1.1　半导体的基本知识 ……………………………………………… （1）

　　1.1.2　半导体二极管 …………………………………………………… （3）

　　1.1.3　二极管基本电路的分析方法 …………………………………… （4）

　　1.1.4　特殊二极管 ……………………………………………………… （5）

　　1.1.5　二极管的应用 …………………………………………………… （6）

　1.2　基本要求 ……………………………………………………………… （6）

　1.3　典型例题 ……………………………………………………………… （6）

　1.4　习题及答案 ……………………………………………………………（10）

2　半导体三极管及放大电路基础 ……………………………………………（15）

　2.1　理论要点 ………………………………………………………………（15）

　　2.1.1　半导体三极管 BJT ………………………………………………（15）

　　2.1.2　BJT 基本放大电路 ………………………………………………（17）

　　2.1.3　放大电路的图解分析法 …………………………………………（17）

　　2.1.4　放大电路的近似估算分析法 ……………………………………（20）

　　2.1.5　多级放大电路计算 ………………………………………………（27）

　　2.1.6　放大电路频率响应基本概念 ……………………………………（28）

　　2.1.7　场效应管 FET ……………………………………………………（30）

　2.2　基本要求 ………………………………………………………………（33）

　2.3　典型例题 ………………………………………………………………（33）

　2.4　习题及答案 ……………………………………………………………（38）

3　集成电路运算放大器 ………………………………………………………（56）

　3.1　理论要点 ………………………………………………………………（56）

　　3.1.1　模拟集成电路及其结构特点 ……………………………………（56）

　　3.1.2　差分式放大电路 …………………………………………………（57）

　　3.1.3　集成运算放大器 …………………………………………………（61）

3.2　基本要求···(62)

3.3　典型例题···(62)

3.4　习题及答案···(69)

4　功率放大电路···(75)

4.1　理论要点···(75)

4.1.1　功率放大电路的主要问题·······································(75)

4.1.2　放大器的三种工作状态···(75)

4.1.3　乙类互补对称功率放大电路·····································(76)

4.1.4　乙类互补对称功率放大电路存在的问题及对策·······(76)

4.2　基本要求···(77)

4.3　典型例题···(77)

4.4　习题及答案···(81)

5　放大电路中的反馈···(89)

5.1　理论要点···(89)

5.1.1　反馈的基本概念···(89)

5.1.2　反馈的判别···(89)

5.1.3　负反馈放大电路的方框图及增益的一般表达式·······(90)

5.1.4　负反馈对放大电路性能的影响·································(91)

5.1.5　负反馈放大电路在深度负反馈条件下的近似计算···(92)

5.2　基本要求···(93)

5.3　典型例题···(94)

5.4　习题及答案···(98)

6　集成运放的线性应用···(106)

6.1　理论要点···(106)

6.1.1　集成运放在信号运算方面的应用·····························(106)

6.1.2　集成运放在信号处理方面的应用·····························(109)

6.2　基本要求···(111)

6.3　典型例题···(112)

6.4　习题及答案···(122)

7　信号产生电路···(132)

7.1　理论要点···(132)

7.1.1　正弦波振荡电路···(132)

7.1.2　非正弦信号产生电路···(135)

7.2　基本要求···(139)

7.3　典型例题 ···(139)

7.4　习题及答案 ···(153)

8　直流稳压电源 ···(166)

8.1　理论要点 ···(166)

8.1.1　电源变压器 ·······································(166)

8.1.2　整流电路 ···(166)

8.1.3　滤波电路 ···(167)

8.1.4　稳压电路 ···(168)

8.2　基本要求 ···(170)

8.3　典型例题 ···(170)

8.4　习题及答案 ···(177)

附录　模拟试卷及答案 ·······································(186)

模拟试卷 A(高职高专) ···································(186)

模拟试卷 A 的答案 ·······································(190)

模拟试卷 B(高职高专) ···································(192)

模拟试卷 B 的答案 ·······································(196)

模拟试卷 C(本科) ···(199)

模拟试卷 C 的答案 ·······································(203)

模拟试卷 D(本科) ···(206)

模拟试卷 D 的答案 ·······································(210)

参考文献 ···(213)

1　半导体二极管及其基本电路

1.1　理论要点

1.1.1　半导体的基本知识

1. 半导体材料

根据物体导电能力(电阻率)的不同,来划分导体、绝缘体和半导体。

半导体材料有元素半导体和化合半导体。硅是最常用的一种半导体材料。

2. 半导体的共价键结构

硅和锗是四价元素,外层原子轨道上有四个电子(价电子)。

半导体材料都制成晶体,构成共价键结构。

3. 本征半导体、空穴及其导电作用

本征半导体是一种完全纯净的、结构完整的半导体。

在室温下,由于光和热的激发,部分价电子挣脱共价键的束缚离开原位成为自由电子,此现象称为本征激发。同时在原来的位置上留下一个空位,称为空穴。

束缚电子能迁入空位形成新的空穴,相当于空穴移动。空穴可看成一个带正电的粒子,其所带电量与电子相等,符号相反。

自由电子和空穴总称为载流子(载运电流的粒子)。

本征半导体内自由电子和空穴是成对出现的,即载流子的产生;它也是成对消失的,即载流子的复合。

温度增加,本征激发产生的载流子增加,导电能力增强。

4. 杂质半导体

杂质半导体分成两类:电子型半导体(N 型半导体)和空穴型半导体(P 型半导体)。

在四价半导体内掺入少量三价元素,构成 P 型半导体。一个杂质原子提供一个空穴。晶体中还有本征激发产生的少量电子空穴对。因此,P 型半导体中空穴为多数载流子(多子),自由电子为少数载流子(少子)。

在四价半导体内掺入少量五价元素,构成 N 型半导体。一个杂质原子提供一个自由电子。N 型半导体中自由电子为多数载流子(多子),空穴为少数载流子(少子)。

本征半导体中掺入少量杂质,载流子浓度将大大增加,导电能力大大提高。

5．扩散运动和漂移运动

浓度差作用下载流子的定向运动称扩散运动,所形成的电流称扩散电流。

在电场作用下载流子的定向运动称漂移运动,所形成的电流称漂移电流。

6．PN结的形成

一块基片,一部分掺入五价元素成为 N 型半导体,另一部分掺入三价元素成为 P 型半导体。分界面两侧载流子浓度不等,产生扩散并复合,留下正负离子不能移动,形成空间电荷区,构成内电场。内电场阻止多子扩散,促进少子漂移。当扩散与漂移平衡,空间电荷区宽度稳定,PN结形成。

空间电荷区又称 PN 结、耗尽层、阻挡层、势垒区。

7．PN结的单向导电性

正向特性:外加正向电压(正向偏置),P 区电位高于 N 区电位。

外加电场与 PN 结内电场方向相反,PN 结平衡打破。P 区空穴、N 区电子流向 PN 结,PN 结变薄,多子扩散大于少子漂移,形成正向电流 I_F。

在正常工作范围内,外加正向电压稍有变化会引起电流显著变化。

反向特性:外加反向电压(反向偏置)N 区电位高于 P 区电位。

外加电场与 PN 结内电场方向相同,PN 结变宽,多子扩散受阻而趋于零,少子漂移加强,形成反向漂移电流 I_R。

反向电流由少子漂移构成,数量很小,其大小与外加电压基本无关,而与温度有关,温度增加,反向电流增大。

PN 结正向电阻小(导通),反向电阻大(截止),具有单向导电性,其伏安特性如图 1-1 所示。

8．PN结伏安特性的表达式

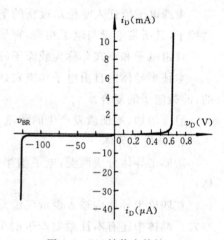

$$i_D = I_S(e^{\frac{v_D}{V_T}} - 1) \qquad (1\text{-}1)$$

式中　i_D——PN 结电流;

v_D——PN 结两端外加电压;

V_T——温度的电压当量,常温下为 26mV;

e——自然对数底;

I_S——反向饱和电流。

PN 结伏安特性表达式体现了 PN 结的单向导电性。

图 1-1　PN 结伏安特性

为了使 PN 结的电压、电流关系较为明确,假设 $I_S = \ln A$, $V_T = 26\text{mV}$,代入伏安特性表达式计算,在表 1-1 中列出一组数据。

表 1-1　　　　　　　　　　PN 结电压电流的典型数据

PN 结电压 v_D(V)	0.419	0.437	0.5	0.6	0.7	0.8
PN 结电流 i_D(A)	0.01	0.02	0.225	10.5	492	23062

从表 1-1 所列数据可见,当 PN 结电压 v_D 从 0.419V 增加到 0.437V 时,电压仅增加了 4.3%,但 PN 结电流 i_D 增大了一倍。从 PN 结伏安特性的指数表达式可知,PN 结电压每增大 0.1V,PN 结电流将增大 46.8 倍。当 PN 结电压 v_D 增加到 0.6V 时,正向电流为 10.5A,对于小功率管来说已太大了。而当 PN 结电压增加到 0.8V 时,PN 结电流的计算值有 2 万 A 以上,但实际上已不可能有这样的 PN 结的器件了。由此可见,PN 结(或二极管)的正向电压降只可能是零点几伏(发光二极管的压降略大),太高的正向压降在实际上是不可能存在的。

在学习 PN 结伏安特性表达式时,应对表达式与图形的关系以及实际数量大小有一个准确的概念。这也是学习电子技术、分析和计算电子电路时所必须注意的问题。

9. PN 结的反向击穿

反向电压增大到某值时,反向电流会大大增加,此现象称为反向击穿。这时的电压称为反向击穿电压 V_{BR}。

击穿可分为雪崩击穿和齐纳击穿,它们都属于电击穿。电击穿可逆,一般情况下要避免;热击穿不可逆,应严格避免。

1.1.2　半导体二极管

1. 二极管的伏安特性

二极管的伏安特性也就是 PN 结的伏安特性。

正向特性:起始部分外加正向电压小,PN 结减薄少,仍呈现为大电阻。有一门坎电压(死区电压)存在。正向电压大于门坎电压时,PN 结厚度大大减小。正向电压 V_F 略有增大,正向电流 I_F 将大大增加,呈现为小电阻特性。

V_F 大于门坎电压以后曲线很陡,可以认为有一固定压降(正向导通压降),硅管为 0.6~0.7V。

反向特性:P 型及 N 型半导体中少子漂移形成反向饱和电流。硅管在几微安以下。

反向击穿特性:反向电压超过一定数值,二极管反向击穿。

2. 齐纳二极管(简称稳压管)

齐纳二极管的反向击穿特性很陡。反向击穿电压 V_Z 即为稳压管的稳定电压。

稳压电路如图 1-2 所示,图中限流电阻 R 的计算为

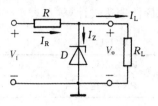

$$R_{max} = \frac{V_{Imin} - V_Z}{I_{Lmax} + I_{Zmin}} \qquad (1\text{-}2a)$$

$$R_{min} = \frac{V_{Imax} - V_Z}{I_{Lmin} + I_{Zmax}} \qquad (1\text{-}2b)$$

$$R_{max} \geqslant R \geqslant R_{min} \qquad (1\text{-}2c)$$

图 1-2　齐纳二极管稳压电路

式中　　V_Z——稳压管稳定电压;

　　　　I_Z——稳压管稳定电流;

　　　　V_I——稳压电路输入电压;

　　　　I_L——负载电流。

1.1.3　二极管基本电路的分析方法

二极管是一种非线性器件,二极管电路的分析要采用非线性电路的分析方法。一般采用模型电路分析法,简化计算。

1. 二极管 V-I 特性的建模

(1) 理想模型

如图 1-3 所示。加正向电压时:$v_D = 0$,看成短路。加反向电压时:$i_D = 0$,看成开路。当工作电压大于二极管正向电压 $v_D(0.7V)$ 时适用。

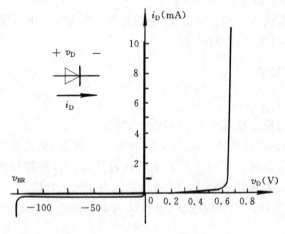

图 1-3　二极管理想模型及其伏安特性

(2) 恒压降模型

理想二极管符号加电压源 V_D,如图 1-4 所示。加正向电压导通后,其压降看作恒定。硅管的正向压降 V_D 为 $0.6 \sim 0.7V$;锗管为 $0.2 \sim 0.3V$。

当 $i_D < 1mA$ 时,二极管工作于特性曲线的弯曲部分。模型的计算结果与实际情

况相差较大。因此,一般在 $i_D \geqslant 1mA$ 时才适用。

（3）折线模型

理想二极管符号加电压源 V_{th} 和电阻 r_D。V_{th} 为门坎电压 0.5V。如图 1-5 所示。$r_D = (0.7V - 0.5V)/1mA = 200\Omega$。注意,不同管子的 V_{th} 和 r_D 数值离散性较大。若 $i_D > 1mA$,代入模型计算二极管正向压降,会发现其数值偏大,与实际情况不符。故适用于 $i_D \leqslant 1mA$。

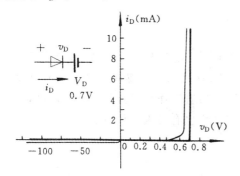 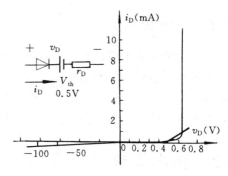

图 1-4   二极管恒压降模型及其伏安特性   图 1-5   二极管折线模型及其伏安特性

（4）指数模型

指数模型同式（1-1）即:

$$i_D = I_S (e^{\frac{v_D}{V_T}} - 1)$$

该模型在微机辅助分析时较为适用。

在手工计算二极管电路时,最常用的是恒压降模型。

2. 开关电路中二极管通断的分析

开关电路中判断二极管通断的分析可按下述步骤来做:首先将二极管断开,然后根据电路计算二极管阳、阴极间的电位差,若阳极电位高于阴极电位 0.5V（硅管）以上,则二极管导通;否则,二极管截止。

1.1.4 特殊二极管

除前面所讨论的普通二极管外,还有若干种特殊二极管,如齐纳二极管、变容二极管、肖特基二极管、光电子器件（包括光电二极管、发光二极管和激光二极管）等。

齐纳二极管又称稳压管,当反向电压加到某一定值时,反向电流急增,产生反向击穿。反向击穿电压即稳压管的稳定电压。

变容二极管是利用了结电容随反向电压增加而减小这种效应的二极管。变容二极管的应用已相当广泛,特别是在高频技术中。

肖特基二极管是利用金属与 N 型半导体接触在交界面形成势垒的二极管。肖特基二极管电容效应非常小,工作速度非常快,特别适合于高频或开关状态应用。

光信号和电信号的接口需要一些特殊的光电子器件。光电二极管可用来作为光的测量,是将光信号转换为电信号的常用器件。发光二极管常用来作为显示器件,另一种重要用途是将电信号变为光信号,通过光缆传输,然后再用光电二极管接收,再现电信号。激光二极管在小功率光电设备中有广泛应用,如计算机上的光盘驱动器、激光打印机中的打印头等。

1.1.5　二极管的应用

二极管的应用电路包括整流电路、限幅电路、开关电路和低电压稳压电路。

半导体二极管的参数是其选用依据,在实际应用中不容忽视。最大整流电流和反向击穿电压是二极管的两个重要极限参数,二极管工作时不能超过这些限度,只有稳压二极管才能工作在反向击穿状态,而且击穿后也有最大工作电流的限制。

1.2　基本要求

(1) 本章应重点掌握 PN 结及单向导电性、二极管伏安特性和二极管主要参数。

(2) 掌握二极管的理想模型、恒压降模型、二极管折线模型。根据不同的二极管电路,会利用相应的二极管模型对电路作分析计算。

(3) 掌握稳压二极管工作原理、特性以及电路计算。

(4) 了解半导体原子结构、杂质半导体、PN 结形成。

1.3　典型例题

例 1-1　二极管电路如图 1-6 所示,计算图中二极管的电压、电流值。

解　采用二极管的等效模型,对二极管的电压、电流进行分析。

按照二极管的等效模型画出相应的等效电路,进行计算。三种模型可画出三种不同的电路,如图 1-7—图 1-9 所示。

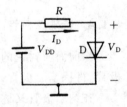

(1) 设 $V_{DD}=10\text{V}$,$R=10\text{k}\Omega$

① 理想模型:$V_D=0\text{V}$　　$I_D=\dfrac{V_{DD}}{R}=1\text{mA}$

图 1-6　二极管电路

② 恒压降模型:$I_D=\dfrac{(V_{DD}-V_D)}{R}=0.93\text{mA}$

$$V_D=0.7\text{V}$$

③ 折线模型：$I_D = \dfrac{(V_{DD} - V_{th})}{(R + r_D)} = 0.931 \text{mA}$

$$V_D = V_{th} + I_D r_D = 0.69 \text{V}$$

V_{DD} 较大时，不同模型计算的二极管电流值差异较小。

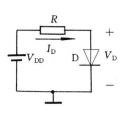 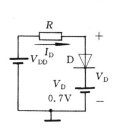 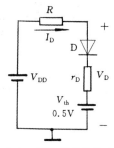

图 1-7　理想模型等效电路　　图 1-8　恒压降模型等效电路　　图 1-9　折线模型等效电路

(2) 设 $V_{DD} = 1\text{V}, R = 10\text{k}\Omega$

① 理想模型：$I_D = 0.1 \text{mA}$

② 恒压降模型：$I_D = 0.03 \text{mA}$

③ 折线模型：$I_D = 0.049 \text{mA}$

$$V_D = 0.51 \text{V}$$

V_{DD} 较小时，计算所得二极管电流值差异很大。折线模型的计算结果比较符合实际情况。由此可见，不同的场合，应采用不同的模型进行计算，使所得的结果能符合工程的实际情况，又可减小计算的工作量。

例 1-2　　二极管限辐电路如图 1-10 所示，参考电压 $V_{REF} = 3\text{V}$，输入电压 v_i 为正弦波，其幅值为 6V，请画出输出电压 v_o 的波形。

解

(1) 采用折线模型分析，等效电路如图 1-11 所示。

如果理想二极管反向截止，R 上无电流，所以无压降，由此可得 $v_o = v_i$。

如果理想二极管导通，

$$v_o = (V_{REF} + V_{th}) + [v_i - (V_{REF} + V_{th})] r_D/(R + r_D)$$

判断理想二极管导通或截止的方法：将理想二极管开路，如图 1-12 所示，求其两端的电压 v'_D。如果 $v'_D > 0$，理想二极管导通；如果 $v'_D \leqslant 0$，理想二极管截止。

图 1-12 中，

$$v'_D = v_i - (V_{th} + V_{DEF})$$

所以，当 $v_i > V_{th} + V_{DEF}$ 时，理想二极管导通；当 $v_i \leqslant V_{th} + V_{DEF}$ 时，理想二极管截止。由此可给出 v_o 波形，如图 1-14 所示。

(2) 采用恒压降模型分析，如图 1-13 所示。

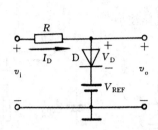

图 1-10　二极管限辐电路

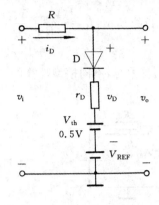

图 1-11　折线模型等效电路

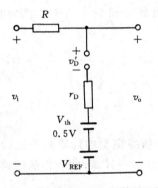

图 1-12　判断理想二极管是否导通

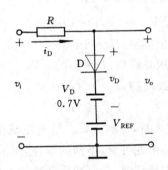

图 1-13　恒压降模型等效电路

用同样的分析方法，

$$v_i \leqslant (V_{REF} + V_D) \text{ 时}, v_o = v_i$$

$$v_i > (V_{REF} + V_D) \text{ 时}, v_o = (V_{REF} + V_D)$$

由此得出 v_o 波形如图 1-15 所示。

两种波形的 v_o 不同，前者圆头，较为正确，后者为平头，与示波器观察波形相差较大。

例 1-3　二极管电路如图 1-16(a)所示，试判别图中二极管是导通还是截止，并计算 AO 间的电压大小。

解　对于含有两个二极管的电路，分析方法如下：先假定其中的一只导通或截止，在此基础上，判断第二只的状态(导通或截止)。根据第二只的状态再反过来判断第一只的状态。若与假设相符，说明假设正确；若不符，说明假设错误。

对图 1-16(a)中两个二极管，假设 D_2 截止，得到等效电路如图 1-16(b)所示，观察 D_1，D_1 承受正向电压导通，AO 间电压近似为零，如图 1-16(c)所示。如例 1-2 所述分析方法，图 1-16(c)中 $v'_{D_2} = 6V$，而使 D_2 导通。由此，假设错误，D_2 是导通的。

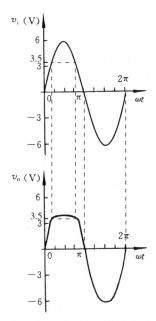

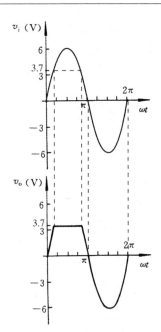

图 1-14　折线模型等效电路的波形图　　　　图 1-15　恒压降模型等效电路的波形图

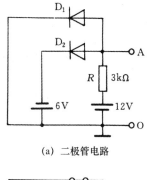

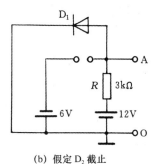

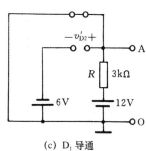

(a) 二极管电路　　　　　　　　　　　(b) 假定 D_2 截止

(c) D_1 导通　　　　　　　　　　　　(d) D_2 导通

图 1-16　例 1-3 电路

D_2 的导通,使 D_1 截止,如图 1-16(d)所示。D_1 的截止,支持 D_2 导通。由此可见,图中两个二极管是 D_2 导通、D_1 截止。AO 间电压为 $-6V$。

针对图 1-16(a)所示电路,如果先假设 D_2 导通,分析过程会相对简单。

1.4 习题及答案

习 题

1. 半导体导电,与金属导电有什么不同?

2. 什么是半导体的温度特性?什么是半导体的掺杂特性?

3. 载流子的漂移与扩散分别是由什么因素引起的?

4. 什么是 PN 结的单向导电性?

5. 硅(锗)二极管的死区电压(门坎电压)、正向导通压降分别是多少?

6. PN 结的显著特征是什么?

7. 光电二极管可用来作为光的测量,是将_____转换为_____的常用器件。

8. 半导体中的少数载流子浓度是随着_____的增加而增加的,多数载流子浓度是随着_____的增加而增加的。(温度、杂质浓度、电子、空穴)

9. P 型半导体中多子是____,少子是____;N 型半导体中多子是____,少子是____。(电子、空穴)

10. PN 结外加正向电压,呈现电流____,等效电阻____,此时为____状态;PN 结外加反向电压,呈现电流____,等效电阻____,此时为____状态。(大、小、导通、截止)

11. 二极管的正向电流在 10mA 的基础上增加一倍,它两端的压降将_____。(基本不变、也增加一倍、增加一倍以上)

12. 二极管的正向压降在 0.6V 的基础上增加 1%,它的电流_____。(基本不变、也增加 1%、增加 1%以上)

13. 试判别题图 1-13 中各二极管是导通还是截止。

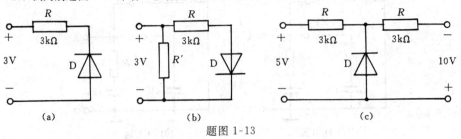

题图 1-13

14. 电路如题图 1-14 所示,试判别图中二极管是导通还是截止,并计算 AO 间的电压大小。

15. 电路如题图 1-15 所示,试判别图中二极管是导通还是截止。

16. 二极管限辐电路如题图 1-16 所示,输入电压 v_i 为正弦波,其幅值大于 6V,画出输出波形。

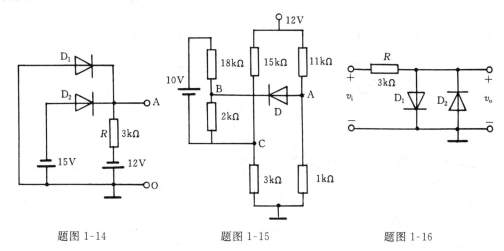

题图 1-14   题图 1-15   题图 1-16

17. 电路如题图 1-17 所示,图中 $v_{i1}=0V$,$v_{i2}=3V$。试判别图中二极管是导通还是截止,并计算输出电压 v_o 的数值。

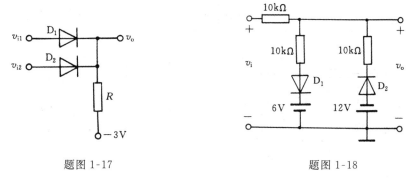

题图 1-17   题图 1-18

18. 电路如题图 1-18 所示,设二极管是理想的。若输入电压 $v_i=20\sin\omega t$,画出输出电压波形。

19. 稳压管电路如题图 1-19 所示,稳压管的稳定电压 $V_Z=7V$,正向导通压降 $V_D=0.7V$,问电路的输出电压为多少?

20. 稳压管电路如题图 1-20 所示,稳压管的稳定电压 $V_{Z1}=7V$,$V_{Z2}=3V$,问电路的输出电压为多少?

21. 在题图 1-21 所示各电路中,设二极管的正向导通压降可以忽略不计,反向饱和电流为 $10\mu A$,反向击穿电压为 30V,并假设一旦击穿反向电压保持 30V 不变,不随反向击穿电流而变化。求题图 1-21 各电路中的电流 I 。

22. 在题图 1-22 所示电路中,二极管的正向压降为 0.7V,求二极管电流的数值。

23. 二极管电路如题图 1-23 所示,二极管的反向电流 $I_S=1\mu A$,$V_T=26mV$,二极管的指数模

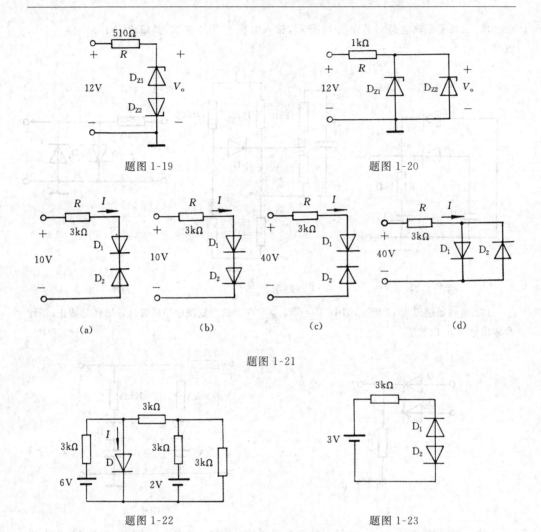

题图 1-19　　　　　　　　　　　　题图 1-20

（a）　　　　　　（b）　　　　　　（c）　　　　　　（d）

题图 1-21

题图 1-22　　　　　　　　　　　　题图 1-23

型为 $i_D = I_S(e^{\frac{v_D}{V_T}} - 1)$，计算两个二极管各自的电压降和流过二极管的电流。

24. 二极管电路如题图 1-24 所示，二极管的正向导通电压为 0.7V，试求电路中流过二极管的电流 I_D 和 A 点对地电压 V_A。

答　案

1. 金属导电只有自由电子一种载流子，半导体导电有自由电子和空穴两种载流子。

2. 温度特性：温度改变，本征激发产生的载流子浓度改变，会使半导体器件的参数发生改变。

　掺杂特性：本征半导体中掺入少量杂质，载流子浓度将大大增加，半导体导电能力增强。

3. 载流子的扩散由浓度差引起，载流子的漂移在电场力作用下产生。

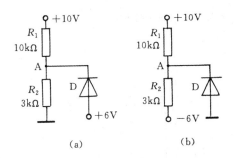

题图 1-24

4. PN 结的单向导电性是指 PN 结正向偏置时,呈现为较小的正向电阻,可以通过较大的正向电流;PN 结反向偏置时,呈现为较大的反向电阻,只能通过很小的反向漏电流。

5. 硅管的死区电压约为 0.5V,正向导通压降约为 0.7V。锗管的死区电压约为 0.1V,正向导通压降约为 0.2V。

6. PN 结的典型特征是单向导电性,电流只能从 P 区流向 N 区。

7. 光信号,电信号

8. 温度,杂质浓度。

9. 空穴,电子;电子,空穴。

10. 大,小,导通;小,大,截止。

11. 基本不变。

12. 增加 1% 以上。

13. (a) 截止;(b) 导通;(c) 导通。

14. D_1 导通、D_2 截止,V_{AO} 近似为零。

15. 假设断开二极管的连接,则 $V_A=1V$,$V_C=2V$,$V_{BC}=1V$,$V_B=3V$。因此,$V_A<V_B$,D 截止。

16. 采用恒压降模型等效电路作出输出波形如答图 1-16 所示。

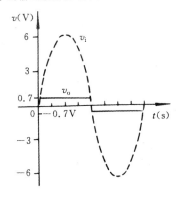

答图 1-16

17. D_1 截止, D_2 导通, $v_o = 3V$(忽略二极管的导通压降)。

18. 输出波形如答图 1-18 所示。

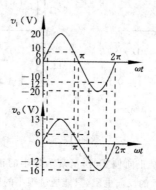

答图 1-18

19. 7.7V

20. 3V

21. (a) $10\mu A$ (b) 3.3mA   (c) 3.3mA   (d) 13.3mA

22. 1.83mA

23. 流过二极管的电流为 $1\mu A$, D_2 的阳极到阴极的管压降为 18mV, D_1 的阳极到阴极的管压降近似为 $-3V$。

24. (a) $I_D = 1.30mA$, $V_A = 5.3V$ (b) $I_D = 0.70mA$, $V_A = -0.7V$

2 半导体三极管及放大电路基础

2.1 理论要点

2.1.1 半导体三极管 BJT

三极管中有两种载流子参与导电,称为双极型三极管(BJT)。

1. BJT 的结构

三极管内部具有两个 PN 结:发射结、集电结;分成三个区:发射区、基区、集电区,引出三个电极:发射极、基极、集电极。

结构特点:发射区掺杂浓度大,集电区掺杂浓度低;一般不倒用;基区很薄,掺杂浓度也很低。

2. BJT 的电流分配

BJT 的放大条件:发射结加正向电压(正向偏置),集电结加反向电压(反向偏置)。对 NPN 管必须满足:$V_C > V_B > V_E$。$V_B > V_E$ 使发射结正偏,此时 V_{BE} 为 $0.6 \sim 0.7V$(硅管);$V_C > V_B$ 使集电结反偏。对 PNP 管必须满足:$V_C < V_B < V_E$。

BJT 内部载流子的传输过程(以 NPN 管为例):

发射结外加正向电压,发射结中多子扩散大于少子漂移,发射区多子电子向基区扩散,形成发射极电流 I_E。基区掺杂浓度低,基区多子空穴向发射区扩散忽略。

发射区电子扩散到基区后,近发射结浓度高,近集电结浓度低,继续向集电结扩散,一小部分电子与基区空穴复合,形成基极电流 I_B。基区薄,杂质浓度低,电子在基区复合的数量少,扩散到集电结边缘的数量多。

集电结反向偏置,集电区多子电子、基区多子空穴扩散受阻。对扩散到集电结的基区电子有很强的吸引力,使电子很快漂移过集电结,形成集电极电流 I_C。集电结中有少子空穴形成的反向漂移电流 I_{CBO} 很小,可忽略。

电流分配关系:

$$I_E = I_B + I_C \tag{2-1a}$$

$$I_C = \beta I_B + I_{CEO} \approx \beta I_B \tag{2-1b}$$

$$I_E = (1+\beta) I_B + I_{CEO} \approx (1+\beta) I_B \tag{2-1c}$$

$$I_{CEO} = (1+\beta) I_{CBO} \tag{2-1d}$$

式中　I_{CEO}——集电极-发射极反向饱和电流;

　　I_{CBO}——集电极-基极反向饱和电流。

通常,I_{CEO} 和 I_{CBO} 都很小,可忽略。

　　3. BJT 的特性曲线

特性曲线是指 BJT 各电极的电压与电流关系曲线,是 BJT 内部载流子运动的外部表现。

　　共射极电路特性曲线:

　　1)输入特性

v_{CE} 为常数(参变量),i_B 与 v_{BE} 的关系曲线:

$$i_B = f(v_{BE})|_{v_{CE}} \tag{2-2}$$

有一 v_{CE} 值可作一条曲线,所以是一族曲线。集电结反向电压 v_{CE} 大于 1V,与 $v_{CE} = 1V$ 曲线基本重合。一般放大工作状态 $v_{CE} > 1V$,可以用 $v_{CE} = 1V$ 的曲线取代,所以,$v_{CE} = 1V$ 的曲线为常用的一条曲线。输入特性中 i_B 与 v_{BE} 的关系与二极管的电压、电流关系类似,也是指数关系,v_{BE} 变化小,i_B 变化大。为简化工程计算,对正常放大工作情况下的 v_{BE} 值,近似看成常数 V_{BE},硅管为 $0.6 \sim 0.7V$,锗管为 $0.2 \sim 0.3V$。

　　2)输出特性

i_B 为常数(参变量),i_C 与 v_{CE} 的关系曲线:

$$i_C = f(v_{CE})|_{i_B} \tag{2-3}$$

有一 i_B 值可作一条曲线,所以是一族曲线。

曲线上升部分,v_{CE} 较小,i_C 受 v_{CE} 影响大,i_C 随着 v_{CE} 增大而增大。当 $v_{CE} \geqslant 1V$ 以后,v_{CE} 增大时,i_C 增大不明显,曲线进入平坦部分。

i_B 愈大,i_C 也愈大,构成一组曲线,体现 i_B 对 i_C 的控制作用。

　　4. BJT 的主要参数

　　1)电流放大系数

直流电流放大系数:　　　　　　　　　$$\bar{\beta} = \frac{I_C}{I_B} \tag{2-4a}$$

交流电流放大系数:　　　　　　　　　$$\beta = \frac{\Delta I_C}{\Delta I_B} \tag{2-4b}$$

$\bar{\beta}$ 与 β 含义不同。$\bar{\beta} \approx \beta$,在工程计算中常混合使用。

　　2)极间反向电流

集电极-基极反向饱和电流 I_{CBO};

集电极-发射极反向饱和电流 I_{CEO};

这两个极间电流的关系为 $I_{CEO} = (1 + \beta)I_{CBO}$。

　　3)极限参数

集电极最大允许电流 I_{CM};

集电极最大允许功率损耗 P_{CM}，集电结上允许损耗功率的最大值。

常用的反向击穿电压有以下三个：

集电极开路时发射结的击穿电压 $V_{(BR)EBO}$；

发射极开路时集电结的击穿电压 $V_{(BR)CBO}$；

基极开路时集电极和发射极间的击穿电压 $V_{(BR)CEO}$。

2.1.2　BJT 基本放大电路

1. BJT 基本放大电路的三种组态

BJT 基本放大电路有三种组态：共发射极电路、共集电极电路、共基极电路。

典型的共发射极放大电路有：固定偏置电路、射极偏置电路、集基偏置电路。

BJT 有三个电极，基极只能作为信号输入，不能输出；集电极只能作为输出，不能输入；发射极既能作为输出，也能作为输入。由此，构成三种组态的电路。BJT 的这一特性也体现在 BJT 的 H 参数小信号模型上。在小信号模型的组成中，基极和发射极处在输入回路中，发射极又和集电极处在输出回路上，体现了发射极既能作为输出，也能作为输入的特点。

对于每一种组态的电路，要弄清楚信号从哪个电极输入，哪个电极输出。

对于每一种组态的电路，要弄清楚是否具有倒相作用，这牵涉到以后对振荡电路能否满足相位平衡条件的判别和对反馈电路反馈极性的判别。

共发射极电路：基极输入，集电极输出，具有倒相作用；

共集电极电路：基极输入，发射极输出，没有倒相作用；

共基极电路：发射极输入，集电极输出，没有倒相作用。

2. BJT 基本放大电路的分析方法

为了简化基本放大电路的分析，将整个电路的分析分成静态分析和动态分析两部分，分别进行分析计算，综合得到整个放大电路的工作情况。电路的静态工作状态正常，BJT 才满足放大条件，电路才能进行正常的动态工作。

由于组成放大电路的主要元件 BJT 是非线性器件，所以电路的分析用人工来做基本上有两种方法：图解分析法和估算法。其中动态分析的估算法也就是小信号模型分析法。

2.1.3　放大电路的图解分析法

1. 用图解法确定静态工作点

把放大电路分成非线性和线性部分，如图 2-1 所示。

非线性部分：三极管及确定偏流的 V_{BB}，R_b。

线性部分：V_{CC}，R_c 串联电路。

只要确定电路的静态基极电流 I_B，非线性部分的伏安特性即为 I_B 所决定的那条输出特性。

$$i_C = f(v_{CE})|_{i_B} \qquad (2\text{-}5)$$

作出线性部分的伏安特性，

$$v_{CE} = V_{CC} - i_C R_c \qquad (2\text{-}6)$$

由电路的线性与非线性两部分的伏安特性的交点确定静态工作点 Q，两部分为一整体，仅 Q 点对应的电压电流值能同时满足线性与非线性电路。Q 点表示在给定条件下电路的工作状态。因此时无交流信号输入，故称为静态工作点 Q，如图 2-2 所示。

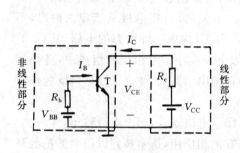

图 2-1　电路图

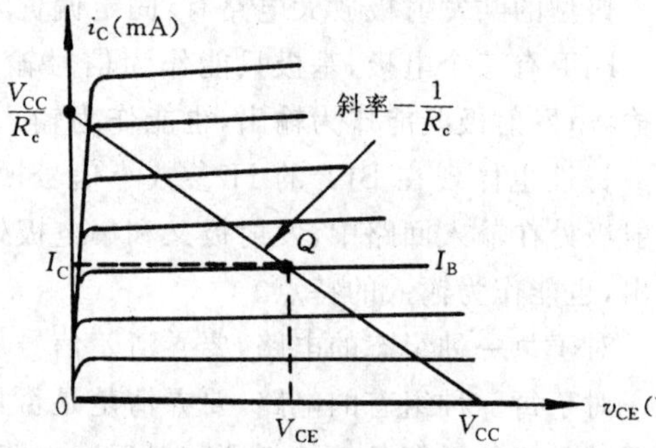

图 2-2　图解分析

Q 点对应的 I_B，I_C，V_{CE} 为静态工作情况下电流和电压值。

2. 动态工作情况分析

放大电路在接入变化信号时的工作情况，图 2-4 中输入了三角波信号，电路处于动态工作情况。

v_i 叠加在 V_{BE} 上，在输入特性上求得 i_B。根据 i_B 在输出特性上求得 i_C 和 v_{CE}。

输出端接负载 R_L，如图 2-5 所示。由于有耦合电容 C_2，电路的静态工作点不变。

加负载后交流工作情况发生变化，电路的交流

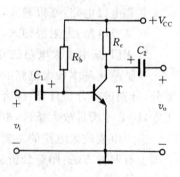

图 2-3　电路图

负载电阻 $R_L' = R_c /\!/ R_L$。通过 Q 点作一条斜率为 $-1/R_L'$ 的直线即为交流负载线。

3. 三极管的三个工作区域

静态工作点 Q 过低，三极管的工作从放大进入到截止。Q 点过高，三极管工作进入到饱和。

三极管的饱和、放大、截止三种工作状态在输出特性上对应三个区。

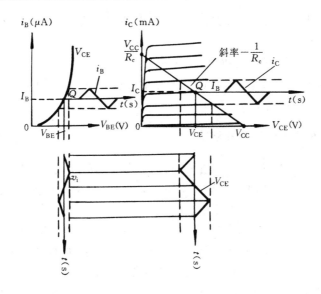

图 2-4　动态工作情况的图解分析

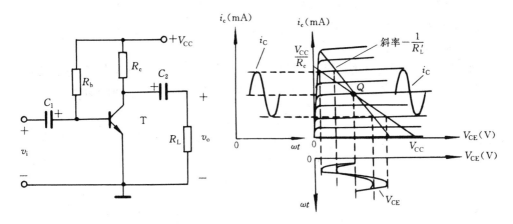

图 2-5　输出端加接负载的电路　　　图 2-6　电路加接负载后动态工作的变化情况

1) 饱和区

输出特性直线上升和弯曲部分。三极管工作在饱和状态时的管压降称为饱和压降 V_{CES}。硅管为 0.3V 左右。BJT 处于饱和状态时，集电结 J_C 和发射结 J_E 都正偏。

2) 放大区

输出特性平坦部分。符合 $I_C = \beta I_B$ 规律，具有恒流特性。BJT 处于放大状态时，J_C 反偏，J_E 正偏。

3) 截止区

输出特性 $I_B = 0$ 曲线以下部分。因为 $I_B = 0$，所以 $I_C \approx 0$，$V_{CE} \approx V_{CC}$（对图 2-5 所

示电路),三极管相当于断开(开路)。BJT 截止时,J_C 反偏,J_E 零偏或反偏或正偏时电压小于死区电压。

改变 I_B,可使三极管的三种状态互相转化(图 2-7)。

静态工作点的选择要合适,否则会产生非线性失真(截止失真、饱和失真)。一般,Q 点取在交流负载线中央。

2.1.4　放大电路的近似估算分析法

电子电路的计算都是对具体电路进行的。所有的计算表达式都和所分析的具体电路有关,电路不同,所得到的计算式将不同,学习过程中应重视的是分析方法和计算方法,而不应该去死记硬背典型电路的计算表达式。

1. 静态工作点的近似估算

计算静态工作点的电压、电流时,可先画出直流通路,观察直流通路中各电压、电流之间的关系。对于下列简单电路来说,从电源电压到电路接地之间可有几条通路,每一条通路中几个电压相加等于电源电压,由此可列出相应的表达式,找出其中一个表达式中仅一个未知数,从而可以解题。

典型放大电路的静态计算:

1) 固定偏置电路

如图 2-8 所示,V_{CC} 到地之间有两条通路。一条是 R_c,V_{CE} 两个未知数;另一条是 R_b,V_{BE},其中 V_{BE} 可以看成是已知的,为 0.6V,因此仅 I_B 一个未知值,可以列出计算式:

$$I_B = \frac{V_{CC} - V_{BE}}{R_b} \qquad I_C = \beta I_B \qquad (2\text{-}7)$$

$$V_{CE} = V_{CC} - I_C R_c \qquad\qquad (2\text{-}8)$$

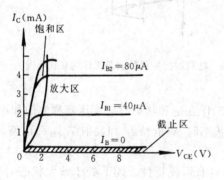

图 2-7　三种工作状态

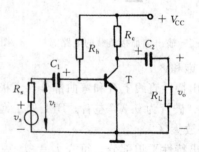

图 2-8　固定偏置电路

2) 射极偏置电路

如图 2-9 所示，忽略 R_{b1} 中的 I_B，可以计算 V_B：

$$V_B \approx V_{CC} \frac{R_{b2}}{R_{b1}+R_{b2}} \tag{2-9}$$

从三极管基极到地的电位差是 V_{BE} 和 R_e 的压降，由此可计算 $I_E(I_C)$ 及 I_B：

$$I_C \approx I_E = \frac{V_B - V_{BE}}{R_e}, \quad I_B = \frac{I_C}{\beta} \tag{2-10}$$

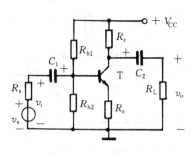

图 2-9 射极偏置电路

接着计算 V_{CE}：

$$V_{CE} = V_{CC} - I_C R_c - I_E R_e \approx V_{CC} - I_C(R_c + R_e) \tag{2-11}$$

3) 集基偏置电路

如图 2-10 所示，从 V_{CC} 到地，由 R_c，R_f 的压降和 V_{BE} 组成，由此可得计算式：

$$\begin{aligned} V_{CC} &= (I_C + I_B)R_c + I_B R_f + V_{BE} \\ &= (1+\beta)I_B R_c + I_B R_f + V_{BE} \end{aligned} \tag{2-12}$$

$$I_B = \frac{V_{CC} - V_{BE}}{(1+\beta)R_c + R_f}, \quad I_C = \beta I_B \tag{2-13}$$

$$V_{CE} = V_{CC} - (I_C + I_B)R_c \tag{2-14}$$

4) 共集电极电路

如图 2-11 所示，从 V_{CC} 到地，由 R_b 的压降、V_{BE} 和 R_e 的压降组成，由此可得计算式：

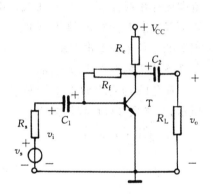

图 2-10 集基偏置电路

$$\begin{aligned} V_{CC} &= I_B R_b + V_{BE} + I_E R_e \\ &= I_B R_b + V_{BE} + (1+\beta)I_B R_e \end{aligned} \tag{2-15}$$

$$I_B = \frac{V_{CC} - V_{BE}}{R_b + (1+\beta)R_e} \approx \frac{V_{CC}}{R_b + (1+\beta)R_e} \tag{2-16}$$

$$I_C = \beta I_B \tag{2-17}$$

$$V_{CE} = V_{CC} - I_E R_e \approx V_{CC} - I_C R_e \tag{2-18}$$

5) 共基极电路

图 2-12 所示的共基极电路的直流通路与射极偏置电路相同，静态计算也相同。

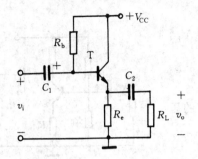

图 2-11　共集电极电路

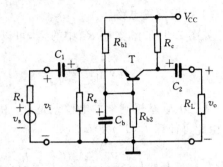

图 2-12　共基极电路

2. 小信号模型电路动态分析

图解法缺点:作图麻烦,不方便,精确度差,对复杂电路分析困难。对非线性元件在一定的范围内作出线性等效电路,用线性电路的分析计算方法,分析计算非线性元件所组成的电路。BJT 的小信号模型电路就是在小信号、变化量的条件下作出的线性等效电路。

简化的 BJT 的 H 参数小信号模型如图 2-13 所示,其参数 β 可用仪器测出。

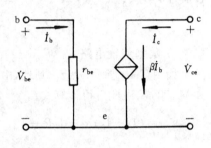

图 2-13　简化的 H 参数小信号模型

r_{be} 可用下式估算:

$$r_{be}=200\Omega+(1+\beta)\frac{26(mV)}{I_E(mA)} \tag{2-19}$$

动态计算的内容为电压增益、输入电阻和输出电阻。用 H 参数小信号模型分析放大电路的过程如下:

首先作放大电路的小信号模型等效电路,方法如下:

(1) 用 H 参数小信号模型代替三极管;

(2) 只考虑变化量作交流通路。

交流通路的作图原则:

- 隔直电容、射极旁路电容的容量很大,看作交流短路;
- 直流电压源的内阻很小,看作交流短路。

(3) 正弦波作输入信号,各电量可采用相量表示。

然后,根据画出的小信号模型等效电路对电路的电压增益、输入电阻和输出电阻进行计算。

电压增益是放大电路输出信号电压与输入信号电压的相量比。BJT 放大电路的工作原理是利用了 BJT 的基极电流对集电极电流的控制作用,计算时,应在小信号模型等效电路中找出输入电压 $\dot{V}_i$ 与基极电流 $\dot{I}_b$ 的关系,再找出输出电压 $\dot{V}_o$ 与集电极电流 $\beta\dot{I}_b$ 的关系,由此可计算电压增益。

　　输入电阻 R_i 和输出电阻 R_o 的意义,请见图 2-14,电压放大电路与信号源、负载构成的系统框图,图中 A_{vo} 为放大电路空载时($R_L = \infty$)的电压增益。放大电路是信号源的负载,其负载效应可用输入电阻 R_i 表示;放大电路是负载的信号源,信号源的内阻即电压放大电路的输出电阻 R_o。对于电流放大电路,其与信号源及负载构成的系统框图如图 2-15 所示。

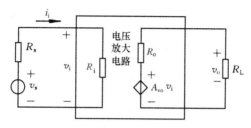

图 2-14　电压放大电路与电压信号源、负载构成的系统框图

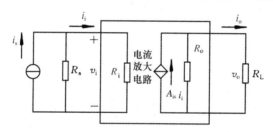

图 2-15　电流放大电路与电流信号源、负载组成的系统框图

　　在信号为正弦的情况下,各个电压、电流都可以用相量表示。输入电阻的计算方法为:

$$R_i = \frac{\dot{V}_i}{\dot{I}_i} \tag{2-20}$$

输出电阻的计算方法:

　　令信号源的电压或电流为 0($v_s = 0$,或 $i_s = 0$),保留 R_s。负载开路(除去 R_L)。在输出端加入一个电压 $\dot{V}_T$(测试电压),产生一相应的电流 $\dot{I}_T$。

$$R_o = \frac{\dot{V}_T}{\dot{I}_T}\Bigg|_{\substack{\dot{V}_S = 0 \\ R_L = \infty}} \tag{2-21}$$

　　放大电路的输入电阻 R_i、输出电阻 R_o 是衡量放大电路性能的重要指标。对于电压放大电路,R_i 越大越好,R_i 越大,放大电路从信号源获得的信号分量越大;R_o 越小越好,R_o 越小,负载从放大电路获得的信号分量越大。而对于电流放大电路,则是 R_i 越小越好,R_o 越大越好。

3. 典型放大电路的动态计算

1) 固定偏置电路

电路见图 2-16,相应的小信号模型电路见图 2-17。动态计算是根据小信号模型电路作出的。

电压增益

$$\dot{V}_o = -\beta \dot{I}_b (R_c /\!/ R_L) = -\beta \dot{I}_b R_L' \tag{2-22}$$

其中

$$R_L' = R_c /\!/ R_L$$

$$\dot{V}_i = \dot{I}_b r_{be}$$

$$\dot{A}_V = \frac{\dot{V}_o}{\dot{V}_i} = \frac{-\beta \dot{I}_b R_L'}{\dot{I}_b r_{be}} = -\frac{\beta R_L'}{r_{be}} \tag{2-23}$$

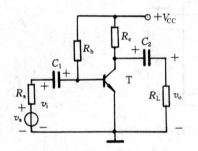

图 2-16　固定偏置电路

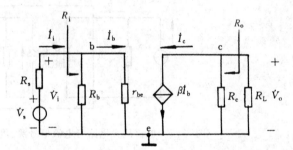

图 2-17　小信号模型等效电路

输入电阻

$$R_i = \frac{\dot{V}_i}{\dot{I}_i} = \frac{\dot{I}_i \left(\dfrac{R_b r_{be}}{R_b + r_{be}} \right)}{\dot{I}_i} = \left(\dfrac{R_b r_{be}}{R_b + r_{be}} \right) \approx r_{be} \qquad (\text{一般 } R_b \gg r_{be}) \tag{2-24}$$

$\dot{A}_{VS}$ 是输出电压与信号源电压之比,从图 2-18 中可见,在电路的输入端,信号源内阻和放大电路的输入电阻对信号源电压 $\dot{V}_s$ 分压,得到 $\dot{V}_i$。因此,$\dot{A}_{VS}$ 的计算方法如下:

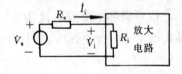

图 2-18　信号源与放大电路的关系

$$\dot{A}_{VS}=\frac{\dot{V}_o}{\dot{V}_s}=\frac{\dot{V}_i}{\dot{V}_s}\times\frac{\dot{V}_o}{\dot{V}_i}=\frac{R_i}{R_s+R_i}\dot{A}_V \tag{2-25}$$

输出电阻 $$R_o=R_c \tag{2-26}$$

2）射极偏置电路

射极偏置电路与相应的小信号模型电路见图 2-19 和图 2-20。

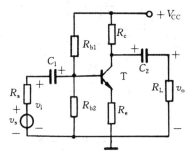 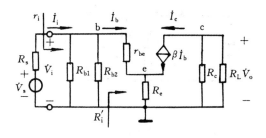

图 2-19　射极偏置电路　　　　图 2-20　射极偏置电路的小信号模型等效电路

电压增益

$$\dot{V}_o=-\beta\dot{I}_bR_L',\ R_L'=R_c/\!/R_L \tag{2-27}$$

$$\dot{V}_i=\dot{I}_b[r_{be}+(1+\beta)R_e] \tag{2-28}$$

$$\dot{A}_V=\frac{\dot{V}_o}{\dot{V}_i}=\frac{-\beta\dot{I}_bR_L'}{\dot{I}_b[r_{be}+(1+\beta)R_e]}=\frac{-\beta R_L'}{r_{be}+(1+\beta)R_e} \tag{2-29}$$

接入 R_e 后，电压增益减小。为提高电压增益，在 R_e 上并联射极旁路电容 C_e。C_e 为几十到几百 μF。加 C_e 后，电压增益为

$$\dot{A}_V=\frac{-\beta R_L'}{r_{be}} \tag{2-30}$$

输入电阻

$$\dot{V}_i=\dot{I}_b[r_{be}+(1+\beta)R_e] \tag{2-31}$$

$$R_i'=\frac{\dot{V}_i}{\dot{I}_b}=r_{be}+(1+\beta)R_e \tag{2-32}$$

$$R_i=R_{b1}/\!/R_{b2}/\!/R_i'=R_{b1}/\!/R_{b2}/\!/[r_{be}+(1+\beta)R_e] \tag{2-33}$$

输出电阻 $$R_o=R_c \tag{2-34}$$

3）共集电极电路

共集电极电路与相应的小信号模型电路见图 2-21 和图 2-22。

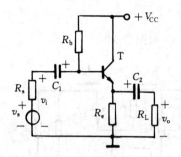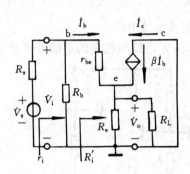

图 2-21　共集电极电路　　　　图 2-22　共集电极电路的小信号模型电路

电压增益

$$\dot{V}_i = \dot{I}_b r_{be} + \dot{I}_e R_L' = \dot{I}_b r_{be} + (1+\beta)\dot{I}_b R_L' \qquad (2\text{-}35)$$

$$R_L' = R_e \mathbin{/\mkern-5mu/} R_L \qquad (2\text{-}36)$$

$$\dot{V}_o = \dot{I}_e R_L' = (1+\beta)\dot{I}_b R_L' \qquad (2\text{-}37)$$

$$\dot{A}_V = \frac{\dot{V}_o}{\dot{V}_i} = \frac{(1+\beta)\dot{I}_b R_L'}{\dot{I}_b r_{be} + (1+\beta)\dot{I}_b R_L'} = \frac{(1+\beta)R_L'}{r_{be} + (1+\beta)R_L'} \qquad (2\text{-}38)$$

输入电阻

$$R_i' = \frac{\dot{V}_i}{\dot{I}_b} = \frac{\dot{I}_b r_{be} + (1+\beta)\dot{I}_b R_L'}{\dot{I}_b} = r_{be} + (1+\beta)R_L' \qquad (2\text{-}39)$$

$$R_i = R_b \mathbin{/\mkern-5mu/} r_i' = R_b \mathbin{/\mkern-5mu/} [r_{be} + (1+\beta)R_L'] \qquad (2\text{-}40)$$

输出电阻

$$\dot{I}_T = \dot{I}_{Re} + \dot{I}_b + \beta\dot{I}_b = \dot{I}_{Re} + (1+\beta)\dot{I}_b$$

$$= \frac{\dot{V}_T}{R_e} + (1+\beta)\frac{\dot{V}_T}{R_s' + r_{be}} \qquad (2\text{-}41)$$

其中

$$R_s' = R_s \mathbin{/\mkern-5mu/} R_b \qquad (2\text{-}42)$$

$$g_o = \frac{\dot{I}_T}{\dot{V}_T} = \frac{1}{R_e} + (1+\beta)\frac{1}{R_s' + r_{be}} \qquad (2\text{-}43)$$

$$R_o = \frac{1}{g_o} = R_e \mathbin{/\mkern-5mu/} \frac{R_s' + r_{be}}{1+\beta} \qquad (2\text{-}44)$$

4）共基极电路

共基极电路及其小信号模型等效电路如图 2-23 和图 2-24 所示。

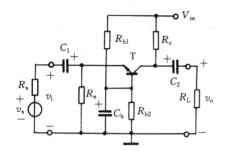 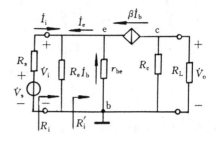

图 2-23　共基极电路　　　　图 2-24　共基极电路的小信号模型电路

电压增益

$$\dot{V}_o = -\beta\dot{I}_b R'_L \qquad R'_L = R_c /\!/ R_L \tag{2-45}$$

$$\dot{V}_i = -\dot{I}_b r_{be} \tag{2-46}$$

$$\dot{A}_V = \frac{-\beta\dot{I}_b R'_L}{-\dot{I}_b r_{be}} = \frac{\beta R'_L}{r_{be}} \tag{2-47}$$

输入电阻

$$R'_i = r_{eb} = \frac{\dot{V}_i}{-\dot{I}_e} = \frac{-\dot{I}_b r_{be}}{-(1+\beta)\dot{I}_b} = \frac{r_{be}}{1+\beta} \tag{2-48}$$

$$R_i = R_e /\!/ R'_i = R_e /\!/ \frac{r_{be}}{1+\beta} \tag{2-49}$$

输出电阻

$$R_o \approx R_c \tag{2-50}$$

2.1.5　多级放大电路计算

多级放大电路各级之间的关系可用图 2-25 所示的方框图表示，前级放大电路的输出是后级电路的输入，后级电路是前级电路的负载。从方框图中所列的各级输入、输出电压关系，很容易推导出各级电压增益与总电压增益的关系：

$$\dot{A}_V = \frac{\dot{V}_o}{\dot{V}_i} = \frac{\dot{V}_{o1}}{\dot{V}_i}\frac{\dot{V}_{o2}}{\dot{V}_{i2}}\cdots\frac{\dot{V}_o}{\dot{V}_{in}} = \dot{A}_{V1} \cdot \dot{A}_{V2} \cdot \cdots \cdot \dot{A}_{Vn} \tag{2-51}$$

多级放大电路若由阻容耦合电路组成，各级之间由电容器隔直。各级电路的静态参数按单级电路的计算方法分别计算。多级放大电路若由直接耦合电路组成各级电路的静态电压、电流互相牵制。计算时，要根据电路结构采用适当的忽略简化计算。作为工程计算，是在计算所得的数据误差能满足工程实际需要的条件下计算的，方法越简单越好。不同的工程计算，对计算所得数据精确度的要求是不同的，一般来

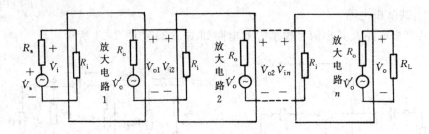

图 2-25　多级放大电路方框图

说,对电子电路的计算数据误差不大于 10％也就可以了,当然不排斥要求更高的计算数据精确度的可能性。

多级放大电路动态计算完全是在单级电路的计算基础上进行的。将所要计算的这级电路的前级电路的输出电阻作为这级电路的信号源内阻(计算这级电路的输出电阻时可能要用)。将这级电路的后级电路的输入电阻计算出来,作为这级电路的负载。然后对这级电路进行计算。将各级的电压增益计算出来后,将各级电压增益相乘可得总电压增益。第一级电路的输入电阻就是多级放大电路的输入电阻,末级电路的输出电阻就是多级放大电路的输出电阻。计算时,是从第一级开始一步步计算到最后一级,还是从最后一级开始计算,逐级计算到第一级,那就要根据不同电路来做了。

2.1.6　放大电路频率响应基本概念

1. 频率响应

放大电路的频率响应是指在输入正弦信号幅值不变的情况下输出信号的幅值和相位随频率变化的关系。可用下面的关系式描述:

$$\dot{A}_V = A_V(f) \angle \varphi(f) \tag{2-52}$$

式中　$A_V(f)$——幅频响应;

　　　$\varphi(f)$——相频响应。

图 2-26 是单管共射放大电路的幅频响应和相频响应。在幅频响应和相频响应的图像中,坐标均采用对数刻度,称为波特图。

2. 下限频率 f_L

在低频区,$A_V(f)$下降到中频增益的 $1/\sqrt{2}$ 即 3dB 时的频率定义为下降频率。

3. 上限频率 f_H

在高频区,$A_V(f)$下降到中频增益的 $1/\sqrt{2}$ 即 3dB 时的频率定义为上限频率。

4. 单管放大电路频率响应的特点

幅频响应在 $f < f_1$ 时是一条斜率为 20dB/十倍频率程的斜线;在中频段是一条

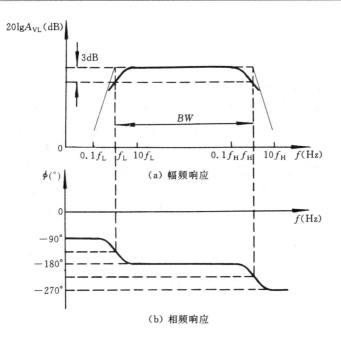

图 2-26 单管共射放大电路的频率响应

大小为 $20\lg A_{V_o}$ 与横轴平行的直线；$f \geqslant f_H$ 时是一条斜率为 $-20\text{dB}/$十倍频程的斜线。

相频响应在 $0.1f_L < f < 10f_L$ 及 $0.1f_H < f < 10f_H$ 时是一条斜率为 $-45°/$十倍频程的斜线。

5. 通频带 BW

上限频率与下限频率的差定义为放大电路的通频带。

$$BW = f_H - f_L \tag{2-53}$$

下限频率、上限频率、通频带是放大电路的三项重要指标。

6. 频率失真

频率失真包括幅度失真和相位失真。

1）幅度失真

由于放大电路对不同频率信号的放大倍数不同，当输入信号含有多种频率成分时，输出产生的波形失真。

2）相位失真

由于放大电路对不同频率信号产生的相位移不同，当输入信号含有多种频率成分时，输出产生的波形失真。

频率失真是由线性电抗元件引起的，因而称为线性失真。

2.1.7　场效应管 FET

1. FET 的分类

场效应管是一种利用电场效应来控制其电流大小的半导体器件。与 BJT 不同，FET 只有一种载流子——电子或空穴参与导电，故称 FET 为单极性器件。BJT 属电流控制电流型器件，对应地，FET 是电压控制电流型器件。场效应管的三个电极栅极 g、源极 s 和漏极 d，分别类似于 BJT 的基极 b、射极 e 和集电极 c。

场效应管的种类很多，按基本结构来分，主要有两大类：MOSFET 和 JFET。按导电载流子的带电极性来分，有 N(电子型)沟道和 P(空穴型)沟道。按导电沟道形成机理来分，有增强型(简称 E 型)和耗尽型(简称 D 型)。分类图如图 2-27 所示。

$$
\text{FET 场效应管}\begin{cases}
\text{MOSFET}\\
\text{(IGFET)}\\
\text{绝缘栅型}
\end{cases}
\begin{cases}
\text{增强型}\begin{cases}\text{N 沟道}\\\text{P 沟道}\end{cases}\\
\text{耗尽型}\begin{cases}\text{N 沟道}\\\text{P 沟道}\end{cases}
\end{cases}
$$
$$
\text{JFET 结型}\begin{cases}\text{N 沟道}\\\text{P 沟道}\end{cases}\quad\text{(耗尽型)}
$$

图 2-27　场效应管分类图

2. MOS 管的结构和工作原理

MOS 管的电场效应发生在半导体表面。下面以 N 沟道增强型 MOSFET 为例，阐述其结构和工作原理。P 沟道 MOSFET 的工作原理与 N 沟道 MOSFET 完全相同，只不过导电的载流子不同，供电电压极性不同而已。增强型是指场效应管没有加偏置电压时，没有导电沟道，必须在栅源间加一定的正向电压，才会出现导电沟道。耗尽型是指场效应管没有加偏置电压时，在漏源之间已预先形成了沟道，只要有漏源电压，就有漏极电流存在。

1)结构

N 沟道增强型 MOSFET 的结构简图及电路符号如图 2-28 所示。电路符号中垂直的短划线表明栅源间未加适当的正向电压时，漏源间无导电沟道。它是在 P 型半导体上生成一层 SiO_2 薄膜绝缘层，然后用光刻工艺扩散两个高掺杂的 N 型区，从 N 型区引出电极，一个是漏极 d，一个是源极 s。在源极和漏极间的绝缘层上镀一层金属铝作为栅极 g。P 型半导体称为衬底。

2)工作原理

当 $v_{GS}=0V$ 时，漏源之间相当两个背靠背的二极管，没有导电沟道。当 $v_{GS}>V_T$ 时(V_T 称为开启电压)，出现 N 型沟道。此时，外加 v_{DS}，将产生漏极电流 i_D，并随 v_{DS} 上升迅速增大。当 v_{DS} 增加到使 $v_{GD}=V_T$ 时，使漏极处沟道夹断，即预夹断。当 v_{DS} 增

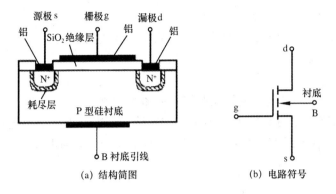

图 2-28　N 沟道增强型 MOSFET 的结构简图及电路符号

加到使 $v_{GD} < V_T$ 时,沟道形状基本不变,沟道电场基本不变,i_D 也基本不变。

3）特性曲线

漏极输出特性曲线:指在栅源电压 v_{GS} 一定的情况下,漏极电流 i_D 与漏源电压 v_{DS} 之间的关系。分为截止区、可变电阻区和饱和区。N 沟道增强型 MOSFET 的输出特性如图 2-29(a)所示。

$$i_D = f(v_{DS}) \big|_{v_{GS} = 常数} \tag{2-54}$$

转移特性曲线:在漏源电压 v_{DS} 一定的条件下,栅源电压 v_{GS} 对漏极电流 i_D 的控制特性。N 沟道增强型 MOSFET 的转移特性如图 2-29(b)所示。

$$i_D = f(v_{GS}) \big|_{v_{DS} = 常数} \tag{2-55}$$

转移特性曲线的斜率 g_m 的大小反映了栅源电压对漏极电流的控制作用。g_m 的量纲为 mA/V(或 mS),所以 g_m 也称为跨导。

$$g_m = \frac{\partial i_D}{\partial v_{GS}} \bigg|_{v_{DS}} \tag{2-56}$$

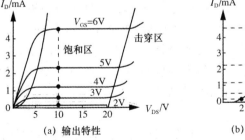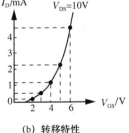

(a) 输出特性　　　　　　　　　(b) 转移特性

图 2-29　N 沟道增强型 MOSFET 的特性曲线

3. JFET 的结构和工作原理

JFET 都是耗尽型的,其电场效应发生在半导体内部。以 N 沟道 JFET 为例,阐述其结构和工作原理。

1) 结构

N 沟道 JFET 的结构简图及电路符号如图 2-30 所示。它是在一块 N 型半导体材料两边扩散高浓度的 P 型区,形成两个 PN 结。两边 P 型区引出电极并在一起称为栅极 g,在 N 本体两端各引出一个电极,分别为源极 s 和漏极 d。

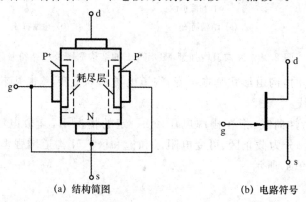

(a) 结构简图   (b) 电路符号

图 2-30　N 沟道 JFET 的结构简图及电路符号

2) 工作原理

当 $v_{GS}<0V$ 时,PN 结反偏,沟道变窄。当 $v_{GS}<V_P$ 时(V_P 称为夹断电压),沟道夹断。当 $v_{GS}=0V$ 时,外加 v_{DS},将产生漏极电流 i_D,并随 v_{DS} 上升迅速增大。当 v_{DS} 继续增加到使 $v_{GD}=V_P$ 时,在紧靠漏极处出现预夹断,沟道内电场基本不变,i_D 也基本不变。

4. MOSFET 放大电路

FET 放大电路有三种组态:共源极电路、共漏极电路和共栅极电路,分别与 BJT 放大电路的共射极电路、共集电极电路和共基极电路相对应。FET 放大电路的分析方法有图解法和模型法。其中小信号模型同样适用于 FET 放大电路。栅源极间电阻很大,可看成开路,而 $i_D=g_m v_{gs}$,漏源极间可看作受控电流源 i_D。以 N 沟道增强型 MOSFET 为例,三种放大的电路特点如下:

1) 共源极放大电路

电压增益高,输入输出电压反相,输入电阻大,输出电阻主要由漏极电阻 R_d 决定。

2) 共漏极放大电路

电压增益小于 1 但接近于 1,输入输出电压同相,输入电阻高,输出电阻低,可作阻抗变换用。

3) 共栅极放大电路

电压增益高,输入输出电压同相,输入电阻小,输出电阻主要由漏极电阻 R_d 决定。

2.2　基本要求

(1) 掌握三极管结构、伏安特性以及 BJT 放大时的工作条件为 J_C 反偏,J_E 正偏。

(2) 掌握基本电路(包括固定偏置电路、射极偏置电路、共集电路、共基电路)的结构、工作原理、静态计算(I_C, I_B, V_{CE})、动态计算,即应用小信号模型等效电路计算电压增益、输入电阻、输出电阻。

(3) 熟悉三极管参数、放大电路的图解分析法、放大电路的非线性失真以及放大电路的静态工作点稳定问题。

(4) 一般了解三极管内部载流子的运动。

(5) 掌握频率响应、下降频率、上限频率、通频带、频率失真等概念。

(6) 了解场效应管结构、工作原理、特性曲线及参数,重点掌握 MOS 管。

(7) 理解场效应管基本放大电路的放大原理。

2.3　典型例题

例 2-1　固定偏置电路如图 2-31 所示,$V_{CC}=12V$,$R_c=4k\Omega$,$R_L=4k\Omega$,$R_b=300k\Omega$,$\beta=40$。

(1) 计算电路的静态工作点:I_B,I_C,V_{CE}。

(2) 画出小信号模型等效电路。

(3) 计算电压增益。

(4) 计算输入电阻及输出电阻。

解

(1) 静态计算

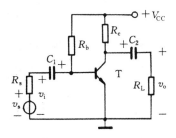

图 2-31　例 2-1 电路

$$I_B=\frac{V_{CC}}{R_b}=\frac{12V}{300k\Omega}=40\mu A$$

$$I_C=\beta I_B=40\times40\mu A=1.6mA$$

$$V_{CE}=V_{CC}-I_C R_c=12V-1.6mA\times4k\Omega=5.6V$$

计算 r_{be}

$$r_{be}=200+\frac{(1+\beta)26mV}{I_E mA}=200+\frac{41\times26}{1.6}=866\Omega=0.866k\Omega$$

(2) 小信号模型等效电路

如图 2-32 所示。

(3) 电压增益

$$\dot{A}_V=\frac{\dot{V}_o}{\dot{V}_i}=\frac{-\beta R'_L}{r_{be}}=\frac{-40(2//2)}{0.866}=-92$$

(4) 输入电阻　　　　$R_i=R_b//r_{be}\approx r_{be}=0.866k\Omega$

　　输出电阻　　　　　　　$R_o=R_c=4k\Omega$

例 2-2　射极输出电路如图 2-33 所示,三极管 $\beta=40, V_{CC}=10V, R_e=5k\Omega, R_c=5k\Omega, R_L=5k\Omega, R_b=200k\Omega, R_s=3k\Omega$,试求:

(1) 计算电路的静态工作点: I_B, I_C, V_{CE}。

(2) 画出小信号模型等效电路。

(3) 计算电压增益。

(4) 计算输入电阻及输出电阻。

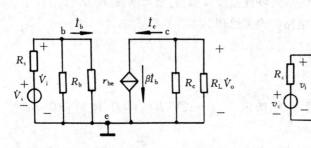

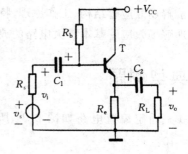

图 2-32　例 2-1 电路的小信号模型电路　　　　图 2-33　例 2-2 电路

解　(1) 计算电路的静态工作点

$$V_{CC}=I_B R_b+V_{BE}+I_E R_e=I_B R_b+V_{BE}+(1+\beta)I_B R_e$$

$$I_B=\frac{V_{CC}-V_{BE}}{R_b+(1+\beta)R_e}\approx\frac{V_{CC}}{R_b+(1+\beta)R_e}=\frac{10}{200+41\times5}=24.69\mu A$$

$$I_C=\beta I_B=0.99mA$$

$$V_{CE}=V_{CC}-I_E R_e\approx V_{CC}-I_C R_e=5.06V$$

(2) 小信号模型等效电路

如图 2-34 所示。

（3）电压增益

$$r_{\mathrm{be}}=200+(1+\beta)\frac{26\mathrm{mV}}{I_{\mathrm{E}}\mathrm{mA}}\approx200+41\times\frac{26}{0.99}=1276\Omega=1.276\mathrm{k}\Omega$$

$$\dot{A}_{\mathrm{V}}=\frac{\dot{V}_{\mathrm{o}}}{\dot{V}_{\mathrm{i}}}=\frac{(1+\beta)\dot{I}_{\mathrm{b}}R'_{\mathrm{L}}}{\dot{I}_{\mathrm{b}}r_{\mathrm{be}}+(1+\beta)\dot{I}_{\mathrm{b}}R'_{\mathrm{L}}}=\frac{(1+\beta)R'_{\mathrm{L}}}{r_{\mathrm{be}}+(1+\beta)R'_{\mathrm{L}}}$$

$$=\frac{41(5/\!/5)}{1.276+41(5/\!/5)}=\frac{102.5}{1.276+102.5}=0.987$$

（4）计算输入电阻及输出电阻

输入电阻

$$R'_{\mathrm{i}}=\frac{\dot{V}_{\mathrm{i}}}{\dot{I}_{\mathrm{b}}}=r_{\mathrm{be}}+(1+\beta)R'_{\mathrm{L}}$$

$$R_{\mathrm{i}}=r_{\mathrm{be}}/\!/R'_{\mathrm{i}}=R_{\mathrm{b}}/\!/[r_{\mathrm{be}}+(1+\beta)R'_{\mathrm{L}}]=200/\!/(1.276+41\times2.5)=68.32\mathrm{k}\Omega$$

$$\dot{A}_{\mathrm{VS}}=\frac{R_{\mathrm{i}}}{R_{\mathrm{s}}+R_{\mathrm{i}}}\dot{A}_{\mathrm{V}}=\frac{68.32}{3+68.32}\times0.987=0.945$$

按图 2-35 计算电路的输出电阻

$$R_{\mathrm{o}}=\frac{1}{G_{\mathrm{o}}}=R_{\mathrm{e}}/\!/\frac{R'_{\mathrm{s}}+r_{\mathrm{be}}}{1+\beta}=5/\!/\frac{2.96+1.276}{41}=101\Omega$$

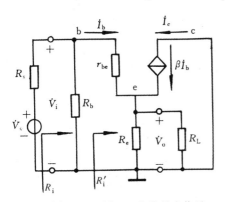
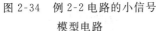
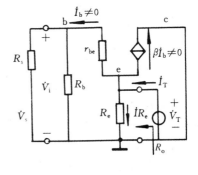

图 2-34　例 2-2 电路的小信号　　　　图 2-35　计算例 2-2 电路输出电阻的
　　　　　模型电路　　　　　　　　　　　　　　小信号模型电路

例 2-3　电路如图 2-36 所示，试分析四个电路各由何种组态的电路构成。

解　（1）输入信号从 T_1 基极加入，T_1 集电极输出，T_1 属共发射极组态。然后，信号又从 T_2 发射极输入，T_2 集电极输出，T_2 属共基极组态。

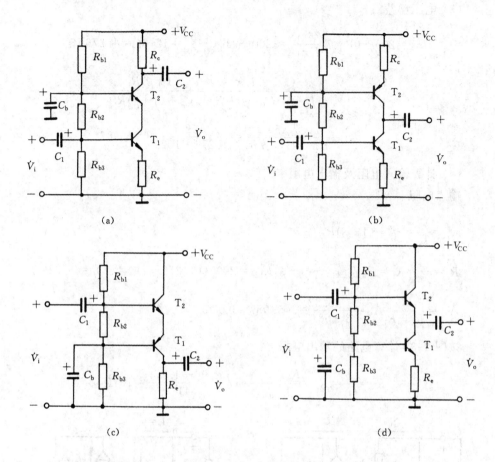

图 2-36　例 2-3 的电路

（2）输入信号从 T_1 基极加入，T_1 集电极输出，T_1 属共发射极组态。T_2 组成电流源作为 T_1 的有源负载。

（3）输入信号从 T_2 基极加入，T_2 发射极输出，T_2 属共集电极组态。然后，信号又从 T_1 发射极输入，T_1 集电极输出，T_1 属共基极组态。

（4）输入信号从 T_2 基极加入，T_2 发射极输出，T_2 属共集电极组态。T_1 组成电流源，作为 T_2 的有源负载。

例 2-4　BJT 三极管组成的直接耦合二级放大电路，如图 2-37 所示。计算各级的静态工作点，计算各级的电压增益 A_{V1}，A_{V2} 及总增益 A_V，计算输入电阻 R_i 和输出电阻 R_o。

解　（1）静态计算

忽略 T_2 的基级电流，对第一级的静态工作点进行计算。

第一级的静态工作点

$$V_{B1} = \frac{R_{b2}}{R_{b1} + R_{b2}} V_{CC}$$

$$I_{E1} = \frac{V_{B1} - V_{BE1}}{R_{e1}} \approx I_{C1}$$

$$I_{B1} = \frac{I_{C1}}{\beta_1}$$

$$V_{C1} = V_{CC} - I_{C1} R_c = V_{B2}$$

$$V_{CE1} \approx V_{CC} - (R_c + R_{e1}) I_{C1}$$

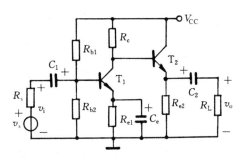

图 2-37　例 2-4 电路

第二级的静态工作点

$$I_{E2} = \frac{V_{B2} - V_{BE2}}{R_{e2}} \approx I_{C2} \qquad I_{B2} = \frac{I_{C2}}{\beta_2}$$

$$V_{CE2} = V_{CC} - I_{E2} R_{e2}$$

$$r_{be1} = 200 + (1 + \beta_1) \frac{26}{I_{E1}}$$

$$r_{be2} = 200 + (1 + \beta_2) \frac{26}{I_{E2}}$$

（2）动态计算

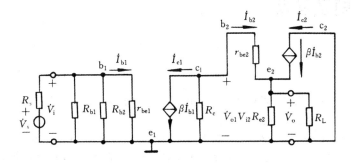

图 2-38　例 2-4 电路的小信号模型电路

$$R'_L = R_{e2} /\!/ R_L$$

$$R_{i2} = r_{be2} + (1 + \beta_2) R'_L$$

$$R'_{L1} = R_c /\!/ R_{i2}$$

$$\dot{A}_{V1} = \frac{-\beta_1 R'_{L1}}{r_{be1}} \qquad \dot{A}_{V2} = \frac{(1 + \beta_2) R'_L}{r_{be2} + (1 + \beta_2) R'_L}$$

$$\dot{A}_V = \dot{A}_{V1} \times \dot{A}_{V2}$$

$$R_i = R_{i1} = R_{b1} /\!/ R_{b2} /\!/ r_{be1}$$

$$R_o = R_{o2} = R_{e2} /\!/ \frac{R_c + r_{be2}}{(1 + \beta_2)}$$

例 2-5　判断下面句子中带有底划线的词语说法是否正确。若不正确,则在其后面填入正确词语。

幅度失真和相位失真统称为非线性失真(　　)。在出现这类失真时,当输入信号为正弦波时,输出信号为非正弦波(　　);当输入信号为非正弦波时,输出信号中各次谐波分量的幅度与基波幅度之比值与输入信号的相同(　　)。

解　由理论要点 2.1.6 中第 6 点的内容"频率失真是由线性电抗元件引起的,因而称为线性失真"以及幅度失真的定义得:

第一个带有底划线的词语说法不正确,应为(线性失真);

第二个带有底划线的词语说法不正确,应为(正弦波);

第三个带有底划线的词语说法不正确,应为(不同)。

2.4　习题及答案

习　题

1. BJT 具有电流放大作用的内部条件是什么? 外部条件是什么?

2. 如何判别放大电路的组态?

3. 某放大电路在输入电压不变的条件下,当接入负载电阻 $R_{L1} = 3\text{k}\Omega$ 时,测得输出电压 $V_{o1} = 3\text{V}$;当接入负载电阻 $R_{L2} = 500\Omega$ 时,测得输出电压 $V_{o2} = 1\text{V}$。试求该放大电路的输出电阻 R_o。

4. 放大电路如题图 2-4 所示,晶体管的 $\beta = 60$,$V_{BE} = 0.6\text{V}$,各电容对交流信号均可视为短路。

(1) 计算电路的静态工作点 I_C,I_B,V_{CE}。

(2) 画出小信号等效电路图。

(3) 计算电压增益 $\dot{A}_V = \dfrac{\dot{V}_o}{\dot{V}_i}$ 和 $\dot{A}_{VS} = \dfrac{\dot{V}_o}{\dot{V}_s}$ 以及输入电阻和输出电阻。

5. 电路如题图 2-5 所示，$\beta=50$，$V_{BE}=0.6V$，试求：

(1) 计算静态工作点。

(2) 画出小信号模型等效电路。

(3) 计算 C_3 很大时及 $C_3=0$ 时的电压增益。

(4) 计算 C_3 很大时及 $C_3=0$ 时放大电路的输入电阻和输出电阻。

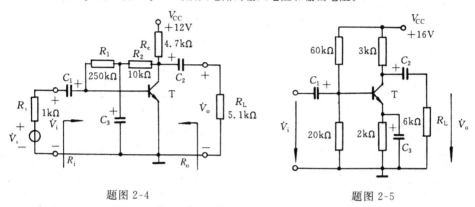

题图 2-4　　　　　　　　　　　题图 2-5

6. 电路如题图 2-6 所示，设信号源内阻 $R_s=600\Omega$，三极管的 $\beta=50$，$V_{BE}=0.6V$。

(1) 计算静态工作点。

(2) 画出小信号模型等效电路。

(3) 计算电压增益：

$$\dot{A}_V=\frac{\dot{V}_o}{\dot{V}_i}\quad 和\quad \dot{A}_{VS}=\frac{\dot{V}_o}{\dot{V}_s}$$

(4) 计算放大电路的输入电阻 R_i 和输出电阻 R_o。

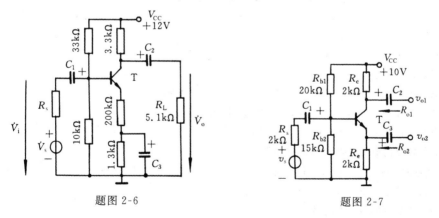

题图 2-6　　　　　　　　　　　题图 2-7

7. 电路如题图 2-7 所示，三极管 $\beta=100$，$V_{BE}=0.6V$。试求：

(1) 电路的静态工作点：I_B，I_C，V_{CE}。

(2) 画出小信号模型等效电路。

(3) 计算电压增益:

$$\dot{A}_{V1} = \frac{\dot{V}_{o1}}{\dot{V}_s} \quad 和 \quad \dot{A}_{V2} = \frac{\dot{V}_{o2}}{\dot{V}_s}$$

(4) 输入电阻 R_i。

(5) 输出电阻 R_{o1} 和 R_{o2}。

8. 已知题图 2-8 所示电路中晶体管的 $\beta = 120$，$V_{BE} = 0.7V$。

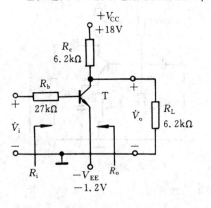

题图 2-8　　　　　　　　　　　　　　　题图 2-9

(1) 求电路静态时的 I_B，I_C，V_{CE}。

(2) 画出小信号模型等效电路图。

(3) 求电压增益 $\dot{A}_V$。

(4) 求输入电阻 R_i 和输出电阻 R_o。

9. 设题图 2-9 所示电路中三极管的 $\beta = 50$，$V_{BE} = 0.6V$。

(1) 计算静态工作点 Q。

(2) 作小信号模型等效电路。

(3) 计算各级的电压增益 $\dot{A}_{V1}$，$\dot{A}_{V2}$ 及总增益 $\dot{A}_V$。

(4) 计算输入电阻 R_i 和输出电阻 R_o。

10. 电路如题图 2-10 所示，已知 $V_{BE} = 0.7V$，$\beta = 100$。试求:

(1) 若要求 T_2 的静态值 $V_{E2} = 0V$，计算偏置电阻 R_2 的值。

(2) 画出小信号模型等效电路，计算电压增益。

(3) 计算电路的输入电阻 R_i 和输出电阻 R_o。

11. 电路如题图 2-11 所示，两管电流放大系数 $\beta = 50$，$V_{BE} = 0.7V$。试求:

(1) 电路的静态工作点: I_{B1}，I_{C1}，V_{CE1}，I_{B2}，I_{C2}，V_{CE2}。

(2) 画出小信号模型等效电路。

(3) 计算电压增益。

(4) 计算电路的输入电阻 R_i 和输出电阻 R_o。

12. 放大电路如题图 2-12 所示，判断电路是由何种组态的电路构成，并写出电压增益表达式。

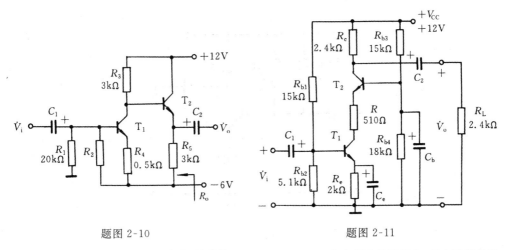

题图 2-10   题图 2-11

13. 在题图 2-13 所示的电路中,晶体管 $\beta=80$, $V_{BE}=0.7V$,电容的容量足够大,对交流信号可视为短路。

(1) 估算电路静态时的 I_C, V_{CE}。

(2) 求电压增益 $\dot{A}_{VS}$。

(3) 逐渐增大信号电压的幅度至使输出电压出现失真,试问这时是截止失真还是饱和失真?

(4) 为了获得更大的不失真输出电压,R_b 应增大还是减小?

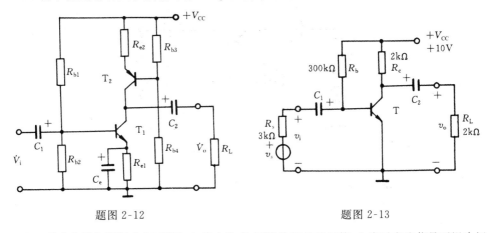

题图 2-12   题图 2-13

14. 放大电路如题图 2-14 所示,电路中的 D_Z 可视为理想稳压管,电容对交流信号可视为短路,三极管的 $\beta=50$, $V_{BE}=0.7V$。

(1) 计算电路的静态工作点。

(2) 画出小信号模型等效电路图。

(3) 计算电压增益、输入电阻、输出电阻。

(4) 若 D_Z 接反了,重新计算静态工作点,并定性说明电压增益、输入电阻、输出电阻有何变化(增大还是减小)。

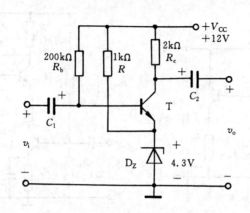

题图 2-14

15. 共基极电路如题图 2-15 所示。射极电路中恒流源电流 $I=1.01\text{mA}$，晶体管 $\beta=100$，$R_s=10\Omega, R_L=7.5\text{k}\Omega$。

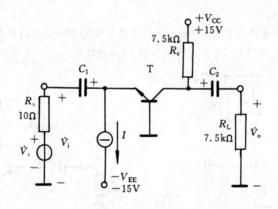

题图 2-15

(1) 计算电路的电压增益：

$$A_V = \frac{\dot{V}_o}{\dot{V}_i} \quad 和 \quad A_{VS} = \frac{\dot{V}_o}{\dot{V}_S}$$

(2) 计算电路的输入电阻和输出电阻。

16. 差动式放大电路如题图 2-16 所示。设 T_1，T_2 的特性相同，参数一致，设 $\beta_1=\beta_2=50$，$V_{BE1}=V_{BE2}=0.6\text{V}$。试分析计算：

(1) I_{C1}，I_{C2}，V_{CE1} 和 V_{CE2}。

(2) 试用小信号模型等效电路计算电路的电压增益、输入电阻和输出电阻。

17. 放大电路如题图 2-17 所示，电路中的电容对交流信号可视为短路。

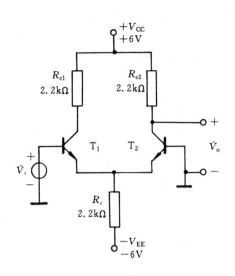

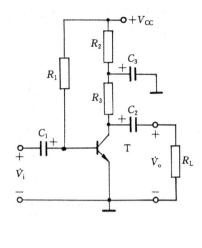

题图 2-16   题图 2-17

（1）求电路的静态时 I_B，I_C，V_{CE} 的表达式。

（2）画出小信号模型等效电路。

（3）写出电压增益、输入电阻、输出电阻表达式。

（4）若 C_3 开路，对静态工作点、电压增益、输入电阻、输出电阻有何影响（增大、减小还是不变）？

18. 设题图 2-18 所示放大电路中晶体管的饱和压降和电容的容抗可忽略不计。

（1）调整 R_b 使 $V_{CE}=4$ V，这时最大不失真输出电压幅度约为多少？

（2）如果调整 R_b 使 $V_{CE}=6$ V，这时最大不失真输出电压幅度又为多少？

（3）分别在第 1 项和第 2 项条件下，在输出端加接一个 2 kΩ 的负载电阻，试问：在哪种条件下能获得较大的不失真输出电压？它的最大不失真输出电压幅度是多少？

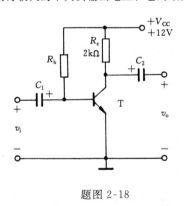

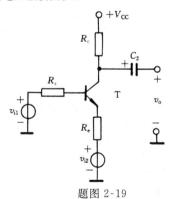

题图 2-18   题图 2-19

19. 电路如题图 2-19 所示，设电容足够大，对交流信号可视为短路。

（1）画出小信号模型等效电路图。

（2）当 $v_{i1}=v_{i2}$ 时，求 v_o 的大小。

20. 共基-共集组合放大电路如题图 2-20 所示,设 T_1,T_2 特性相同,电路中各元件参数为已知量。试写出静态工作点 I_{C1},I_{C2},V_{CE1},V_{CE2} 的表达式。

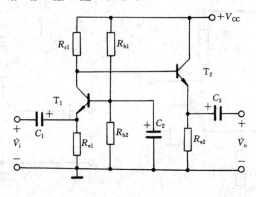

题图 2-20

21. 放大电路如题图 2-21 所示。设 T_1,T_2 特性相同,且 $\beta=50$,$V_{BE}=0.6V$。试写出静态工作点 I_{C1},I_{C2},V_{CE1},V_{CE2} 的表达式。

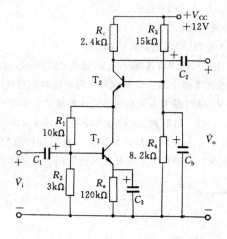

题图 2-21

22. 两级直接耦合放大电路如题图 2-22 所示,已知 T_1,T_2 的参数 $\beta_1=\beta_2=50$,$V_{BE1}=0.7V$,$V_{BE2}=-0.2V$,电容 C_1,C_2,C_e 对交流信号均可视为短路。

(1) 估算静态工作点 I_{C1},I_{C2},V_{CE1},V_{CE2}。

(2) 计算电压增益 $\dot{A}_{VS}=\dfrac{\dot{V}_o}{\dot{V}_s}$,输入电阻 R_i 和输出电阻 R_o。

23. 放大电路的输入信号频率升高到上限截止频率时,放大倍数幅值下降到中频放大倍数的_____倍,或说下降了_____ dB;放大倍数的相位与中频时相比,附加相移约_____。

24. 在下列 A,B,C 中选择正确答案填空。

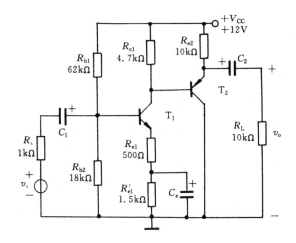

题图 2-22

一个同相放大电路当输入一个正弦信号时,若输出电压的波形顶部削平了,说明该放大电路出现了_____;如输出电压的相位与输入不同相,说明该放大电路出现了_____。

A. 饱和或截止失真　　B. 交越失真　　C. 频率失真

25. 在下列 A,B,C 中选择正确答案填空。

在某放大电路存在频率失真但无非线性失真情况下,当输入为正弦信号时,输出信号_____。

A. 仍为正弦,并且与输入同频率

B. 仍为正弦,但频率与输入不同

C. 为非正弦

当输入为方波信号时,输出信号_____。

A. 仍为方波,并且周期与输入相同

B. 仍为方波,但周期与输入不同

C. 波形发生失真

答　案

1. 内部条件是发射区杂质浓度远大于基区杂质浓度,且基区很薄;外部条件是发射结正偏、集电结反偏。

2. b 入 c 出,共射;　b 入 e 出,共集电;　e 入 c 出共基。

3. $R_o = 2\text{k}\Omega$

4. (1) 计算电路的静态工作点

$$I_B = \frac{V_{CC} - V_{BE}}{(1+\beta)R_c + (R_1 + R_2)} = \frac{12 - 0.6}{61 \times 4.7 + 260} = 20.8 \ \mu\text{A}$$

$$I_C = \beta I_B = 60 \times 0.0208 = 1.25 \text{mA}$$

$$V_{CE} = V_{CC} - I_C R_c = 12 - 1.25 \times 4.7 = 6.12 \text{V}$$

$$r_{be} = 200 + (1+\beta)\frac{26}{I_E} \approx 200 + 61 \times \frac{26}{1.25} = 1.47 \text{k}\Omega$$

（2）小信号等效电路图（略）

（3）计算电压增益 $\dot{A}_V = \dfrac{\dot{V}_o}{\dot{V}_i}$ 和 $\dot{A}_{VS} = \dfrac{\dot{V}_o}{\dot{V}_s}$ 以及输入电阻和输出电阻

$$\dot{A}_V = \frac{\dot{V}_o}{\dot{V}_i} = -\frac{\beta(R_2 /\!/ R_c /\!/ R_L)}{r_{be}} = -\frac{60 \times 1.97}{1.47} = -80.2$$

$$R_i = r_{be} /\!/ R_1 = 1.47 /\!/ 250 = 1.46 \text{ k}\Omega$$

$$\dot{A}_{VS} = \frac{\dot{V}_o}{\dot{V}_s} = \frac{r_i}{r_i + R_s} \dot{A}_V = \frac{1.46}{1.46+1} \times (-80.2) = -47.6$$

$$R_o = R_2 /\!/ R_c = 10 /\!/ 4.7 = 3.2 \text{k}\Omega$$

5.（1）计算静态工作点

$$V_B = \frac{20}{60+20} \times 16 = 4 \text{V}, \qquad I_E = \frac{4-0.6}{2} = 1.7 \text{ mA} \approx I_C$$

$$I_B = \frac{I_C}{\beta} = \frac{1.7}{50} = 34 \ \mu A$$

$$V_{CE} \approx V_{CC} - I_C(R_c + R_e) = 16 - 1.7 \times (3+2) = 7.5 \text{V}$$

$$r_{be} = 200 + (1+\beta)\frac{26}{I_E} = 200 + 51 \times \frac{26}{1.7} = 0.98 \text{k}\Omega$$

（2）小信号模型等效电路（略）

（3）计算 C_3 很大时及 $C_3 = 0$ 时的电压增益

C_3 很大：
$$\dot{A}_V = \frac{\beta(R_c /\!/ R_L)}{r_{be}} = -\frac{50(3 /\!/ 6)}{0.98} = -102$$

$C_3 = 0$：
$$\dot{A}_V = -\frac{\beta(R_c /\!/ R_L)}{r_{be} + (1+\beta)2} = -\frac{50(3 /\!/ 6)}{102.98} = -0.97$$

（4）计算放大电路的输入电阻和输出电阻

C_3 很大时：
$$R_i = 20 /\!/ 60 /\!/ 0.98 = 0.92 \text{k}\Omega$$

$C_3 = 0$ 时：
$$R_i = 20 /\!/ 60 /\!/ 102.98 = 13.1 \text{k}\Omega$$

$$R_o = 3 \text{k}\Omega$$

6.（1）计算静态工作点

$$V_B = \frac{10}{10+33} \times 12 = 2.79 \text{V}$$

$$I_E = \frac{2.79 - 0.6}{1.3 + 0.2} = 1.46 \text{mA} \approx I_C, \quad I_B \approx \frac{1.46}{50} = 29 \mu A$$

$$V_{CE} = 12 - 1.46 \times (3.3 + 0.2 + 1.3) = 2.99 \text{V}$$

$$r_{be} = 200 + 51 \times \frac{26}{1.46} = 1.11 \text{k}\Omega$$

（2）小信号模型等效电路（略）

（3）计算电压增益

$$\dot{A}_V = -\frac{50(3.3 /\!/ 5.1)}{1.11 + 51 \times 0.2} = -\frac{100.2}{11.31} = -8.86$$

$$\dot{A}_{VS} = \frac{4.57}{0.6 + 4.57} \dot{A}_V = 0.884 \times (-8.86) = -7.83$$

（4）计算放大电路的输入电阻 R_i 和输出电阻 R_o

$$R_i = 33 /\!/ 10 /\!/ (1.11 + 51 \times 0.2) = 4.57 \text{k}\Omega$$

$$R_o = 3.3 \text{k}\Omega$$

7.（1）电路的静态工作点

$$V_B = \frac{R_{b2}}{R_{b1} + R_{b2}} V_{CC} = \frac{15}{20 + 15} \times 10 = 4.29 \text{ V}$$

$$I_E = \frac{V_B - V_{BE}}{R_e} = \frac{4.29 - 0.6}{2} = 1.845 \text{ mA} \approx I_C$$

$$I_B = \frac{I_C}{\beta} = \frac{1.845}{100} = 18.45 \ \mu A$$

$$V_{CE} \approx V_{CC} - I_C(R_c + R_e) = 10 - 1.845 \times (2 + 2) = 2.62 \text{V}$$

$$r_{be} = 200 + (1 + \beta)\frac{26}{I_E} = 200 + 101 \times \frac{26}{1.845} = 1.623 \text{k}\Omega$$

（2）小信号模型等效电路（略）

（3）计算电压增益

$$R_i = R_{b1} /\!/ R_{b2} /\!/ [r_{be} + (1 + \beta)R_e] = 20 /\!/ 15 /\!/ (1.623 + 101 \times 2) = 8.23 \text{k}\Omega$$

$$\dot{A}_{V1} = \frac{\dot{V}_{o1}}{\dot{V}_s} = \frac{R_i}{R_s + R_i} \times \left(-\frac{\beta R_c}{r_{be} + (1 + \beta)R_e} \right) = \frac{8.23}{2 + 8.23} \times \left(-\frac{100 \times 2}{1.623 + 101 \times 2} \right) = -0.79$$

$$\dot{A}_{V2} = \frac{\dot{V}_{o2}}{\dot{V}_s} = \frac{R_i}{R_s + R_i} \times \frac{(1 + \beta)R_e}{r_{be} + (1 + \beta)R_e} = \frac{8.23}{2 + 8.23} \times \frac{101 \times 2}{1.623 + 101 \times 2} = 0.798$$

（4）输入电阻 R_i

$$R_i = R_{b1} /\!/ R_{b2} /\!/ [r_{be} + (1 + \beta)R_e] = 20 /\!/ 15 /\!/ (1.623 + 101 \times 2) = 8.23 \text{k}\Omega$$

(5) 输出电阻 R_{o1} 和 R_{o2} 。

$$R_{o1} = R_c = 2k\Omega$$

$$R_{o2} = R_e // \frac{(R_s // R_{b1} // R_{b2}) + r_{be}}{1+\beta} = 2 // \frac{(2//20//15) + 1.623}{101} = 2//0.032 = 32\Omega$$

8. (1) 求电路静态时的 I_B, I_C, V_{CE}

$$I_B = \frac{[0-(-V_{EE})] - V_{BE}}{R_b} = \frac{1.2-0.7}{27} = 18.5\mu A$$

$$I_C = \beta I_B = 120 \times 18.5 = 2.22mA$$

$$V_{CE} = [V_{CC} - (-V_{EE})] - I_C R_c = (18+1.2) - 2.22 \times 6.2 = 5.44V$$

$$r_{be} = 200 + (1+\beta)\frac{26}{I_E} \approx 200 + 121 \times \frac{26}{2.22} = 1.62k\Omega$$

(2) 小信号模型等效电路图(略)

(3) 求电压增益

$$\dot{A}_V = -\frac{\beta(R_c // R_L)}{R_b + r_{be}} = -\frac{120 \times (6.2 // 6.2)}{27+1.62} = -13$$

(4) 输入电阻和输出电阻

$$R_i = R_b + r_{be} = 27 + 1.62 = 28.62k\Omega$$

$$R_o = R_c = 6.2k\Omega$$

9. (1) 计算静态工作点

$$V_{B1} = \frac{30}{150+30} \times 12 = 2V$$

$$I_{E1} = \frac{2-0.6}{3.6} = 0.39mA \approx I_{C1}, \qquad I_{B1} \approx \frac{0.39}{50} = 7.8\mu A$$

$$V_{CE1} \approx 12 - 0.39 \times (10+3.6) = 6.7V$$

$$r_{be1} = 200 + 51 \times \frac{26}{0.39} = 3.6k\Omega$$

$$V_{B2} = \frac{30}{100+30} \times 12 = 2.77V$$

$$I_{E2} = \frac{2.77-0.6}{1.8} = 1.21mA \approx I_{C1}, \qquad I_{B2} \approx \frac{1.21}{50} = 24.2\mu A$$

$$V_{CE2} \approx 12 - 1.21 \times (2+1.8) = 7.4V$$

$$r_{be2} = 200 + 51 \times \frac{26}{1.21} = 1.3k\Omega$$

（2）小信号模型等效电路（略）

（3）计算各级的电压增益 A_{V1} 和 A_{V2} 及总增益 A_V

$$R_{i2}=100\;/\!/\;30\;/\!/\;r_{be2}=100\;/\!/\;30\;/\!/\;1.3=1.23\text{k}\Omega$$

$$\dot{A}_{V1}=-\frac{\beta(R_{c1}\;/\!/\;r_{i2})}{r_{be1}+(1+\beta)R_{e1}}=-\frac{50(10\;/\!/\;1.23)}{0.36+51\times3.6}=-\frac{54.76}{184.2}=-0.297$$

$$\dot{A}_{V2}=-\frac{\beta(R_{c2}\;/\!/\;R_L)}{r_{be2}}=-\frac{50(2\;/\!/\;2)}{1.3}=-38.46$$

$$\dot{A}_V=\dot{A}_{V1}\dot{A}_{V2}=(-0.297)\times(-38.46)=11.42$$

（4）计算输入电阻 R_i 和输出电阻 R_o

$$R_i=R_{i1}=30\;/\!/\;150\;/\!/\;[r_{be1}+(1+\beta)3.6]=30\;/\!/\;150\;/\!/\;(3.6+51\times3.6)=22.1\text{k}\Omega$$

$$R_o=R_{c2}=2\text{k}\Omega$$

10. （1）计算偏置电阻 R_2 的值

$$V_{E2}=0\text{V},\qquad V_{B2}=0.7\text{V}$$

$$I_{E2}=\frac{V_{E2}-(-6)}{R_5}=\frac{0+6}{3}=2\text{mA},\qquad I_{B2}=\frac{I_{E2}}{1+\beta}=0.02\text{mA}$$

$$I_{C1}=\frac{12-V_{B2}}{R_3}-I_{B2}=\frac{12-0.7}{3}-0.02=3.75\text{mA}$$

$$I_{E1}=\frac{1+\beta}{\beta}I_{C1}=1.01\times3.75=3.79\text{mA}$$

$$V_{E1}=(-6)+I_{E1}R_4=-6+3.79\times0.5=-4.1\text{V}$$

$$V_{B1}=V_{BE}+V_{E1}=0.7+(-4.1)=-3.4\text{V}$$

$$V_{B1}=-6\frac{R_1}{R_1+R_2}=-3.4\text{V},\qquad R_2=\frac{6\times20-3.4\times20}{3.4}=15.3\text{k}\Omega$$

$$r_{be1}=200+101\times\frac{26}{3.79}=0.893\text{k}\Omega$$

$$r_{be2}=200+101\times\frac{26}{2}=1.5\text{k}\Omega$$

（2）小信号模型等效电路（略），计算电压增益

$$r_{i2}=r_{be2}+(1+\beta)R_5=1.5+101\times3=304.5\text{k}\Omega$$

$$\dot{A}_{V1}=-\frac{\beta(R_3\;/\!/\;r_{i2})}{r_{be1}+(1+\beta)R_4}=-\frac{100(3\;/\!/\;304.5)}{0.893+101\times0.5}=-\frac{297}{51.39}=-5.78$$

$$\dot{A}_{V2}=\frac{(1+\beta)R_5}{r_{be2}+(1+\beta)R_5}=\frac{101\times3}{1.5+101\times3}=0.995$$

$$\dot{A}_V = \dot{A}_{V1}\dot{A}_{V2} = (-5.78) \times 0.995 = -5.75$$

(3) 计算电路的输入电阻 R_i 和输出电阻 R_o

$$R_i = R_{i1} = R_1 /\!/ R_2 /\!/ [r_{be1} + (1+\beta)R_4] = 20 /\!/ 15.3 /\!/ (0.893 + 101 \times 0.5) = 7.42 \text{k}\Omega$$

$$R_{o1} = R_3 = 3 \text{k}\Omega$$

$$R_o = R_{o2} = R_5 /\!/ \frac{R_3 + r_{be2}}{1+\beta} = 3 /\!/ \frac{3+1.5}{101} = 43.9\Omega$$

11. (1) 电路的静态工作点

$$V_{B1} = V_{CC}\frac{R_{b2}}{R_{b1}+R_{b2}} = 12 \times \frac{5.1}{15+5.1} = 3.04 \text{V}$$

$$I_{E1} = \frac{V_{B1}-V_{BE}}{R_e} = \frac{3.04-0.7}{2} = 1.17 \text{mA} \approx I_{C1} = I_{E2} = I_{C2}$$

$$I_{B1} \approx I_{B2} = \frac{I_{C2}}{\beta} = \frac{1.17}{50} = 23.4 \mu\text{A}$$

$$V_{B2} = V_{CC}\frac{R_{b4}}{R_{b3}+R_{b4}} = 12 \times \frac{18}{15+18} = 6.55 \text{V}$$

$$V_{E2} = V_{B2} - V_{BE} = 6.55 - 0.7 = 5.85 \text{V}$$

$$V_{CE2} = V_{CC} - I_{C2}R_c - V_{E2} = 12 - 1.17 \times 2.4 - 5.85 = 3.34 \text{V}$$

$$V_{C1} = V_{E2} - I_{C1}R = 5.85 - 1.17 \times 0.51 = 5.25 \text{V}$$

$$V_{E1} = V_{B1} - V_{BE} = 3.04 - 0.7 = 2.34 \text{V}$$

$$V_{CE1} = V_{C1} - V_{E1} = 5.25 - 2.34 = 2.91 \text{V}$$

$$r_{be1} = r_{be2} = 200 + 51 \times \frac{26}{1.17} = 1.33 \text{k}\Omega$$

(2) 小信号模型等效电路

如答图 2-11 所示。

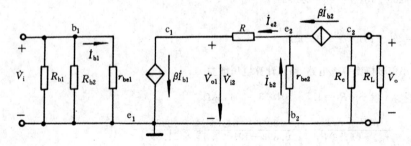

答图 2-11

（3）计算电压增益

$$R_{i2}=R+\frac{r_{be2}}{1+\beta}=0.51+\frac{1.33}{51}=0.536\text{k}\Omega$$

$$\dot{A}_{V1}=-\frac{\beta r_{i2}}{r_{be1}}=-\frac{50\times0.536}{1.33}=-20.15$$

$$\dot{A}_{V2}=\frac{\dfrac{r_{be2}}{1+\beta}}{R+\dfrac{r_{be2}}{1+\beta}}\cdot\frac{\beta(R_c/\!/R_L)}{r_{be2}}=\frac{\dfrac{1.33}{51}}{0.51+\dfrac{1.33}{51}}\times\frac{50\times(2.4/\!/2.4)}{1.33}$$

$$=\frac{0.026}{0.536}\times45.1=2.19$$

$$\dot{A}_V=\dot{A}_{V1}\dot{A}_{V2}=(-20.15)\times2.19=-44.13$$

（4）计算电路的输入电阻 R_i 和输出电阻 R_o

$$R_i=R_{i1}=R_{b1}/\!/R_{b2}/\!/r_{be1}=15/\!/5.1/\!/1.33=0.99\text{k}\Omega$$

$$R_o=R_{o2}=R_c=2.4\text{k}\Omega$$

注意：第二级电压增益的计算，T_2 发射极电阻 R 中的电流是 T_2 的发射极电流，R 与共基极电路的输入电阻对 T_1 的输出电压分压，使第二级的电压增益减小。可以看到共射-共基组态电路的电压增益仅相当于单级共射电路的增益。这种电路的优点是高频特性好。

12. T_1 构成共发射极组态，T_2 构成电流源，作为 T_1 的有源负载。

电流源的等效电阻为

$$R_{o2}=r_{ce2}\left(1+\frac{\beta R_{e2}}{r_{be2}+R_b+R_{e2}}\right)+[(R_b+r_{be2})/\!/R_{e2}]$$

其中

$$R_b=R_{b3}/\!/R_{b4}$$

电压增益

$$\dot{A}_V=-\frac{\beta(r_{o2}/\!/R_L)}{r_{be1}}$$

13.（1）估算电路静态时的 I_C 和 V_{CE}

$$I_B=\frac{V_{CC}-V_{BE}}{R_b}=\frac{10-0.7}{300}=31\mu\text{A}$$

$$I_C=\beta I_B=80\times0.031=2.48\text{mA}$$

$$V_{CE}=V_{CC}-I_C R_c=10-2.48\times2=5.04\text{V}$$

$$r_{be}=200+(1+\beta)\frac{26}{I_E}=200+81\times\frac{26}{2.48}=1.05\text{k}\Omega$$

（2）求电压增益

$$\dot{A}_V=-\frac{\beta(R_c/\!/R_L)}{r_{be}}=-\frac{80\times1}{1.05}=-76.2$$

（3）逐渐增大信号电压的幅度至使输出电压出现失真,试问这时是截止失真还是饱和失真?

出现截止失真。

（4）为了获得更大的不失真输出电压,R_b 应增大还是减小?

R_b 应减小。

14. （1）计算电路的静态工作点

$$I_B = \frac{V_{CC} - V_{BE} - V_{DZ}}{R_b} = \frac{12 - 0.7 - 4.3}{200} = 35\mu A$$

$$I_C = \beta I_B = 50 \times 0.035 = 1.75 \text{mA}$$

$$V_{CE} = V_{CC} - I_C R_c - V_{DZ} = 12 - 1.75 \times 2 - 4.3 = 4.2 \text{V}$$

$$r_{be} = 200 + (1+\beta)\frac{26}{I_E} \approx 200 + 51 \times \frac{26}{1.75} = 0.958 \text{k}\Omega$$

（2）小信号模型等效电路(略)

（3）计算电压增益、输入电阻、输出电阻

$$A_V = -\frac{\beta R_c}{r_{be}} = -\frac{50 \times 2}{0.958} = -104.4$$

$$R_i = R_b // r_{be} = 200 // 0.958 = 0.953 \text{k}\Omega$$

$$R_o = R_c = 2 \text{k}\Omega$$

（4）若 D_Z 接反了,重新计算静态工作点,并定性说明电压增益、输入电阻、输出电阻有何变化(增大还是减小)

$$I_B = \frac{V_{CC} - V_{BE} - V_D}{R_b} = \frac{12 - 0.7 - 0.7}{200} = 53\mu A$$

$$I_C = \beta I_B = 50 \times 0.053 = 2.65 \text{mA}$$

$$V_{CE} = V_{CC} - I_C R_c - V_{DZ} = 12 - 2.65 \times 2 - 0.7 = 6 \text{V}$$

D_Z 接反,r_{be} 减小,电压增益增大,输入电阻减小,输出电阻不变。

15. （1）计算电路的电压增益

$$r_{be} = 200 + (1+\beta)\frac{26}{I_E} = 200 + 101 \times \frac{26}{1.01} = 2.8 \text{k}\Omega$$

$$\dot{A}_V = \frac{\dot{V}_o}{\dot{V}_i} = \frac{\beta(R_c // R_L)}{r_{be}} = \frac{100 \times (7.5 // 7.5)}{2.8} = 134$$

$$R_i = \frac{r_{be}}{1+\beta} = 27.7\Omega$$

$$\dot{A}_{VS} = \frac{\dot{V}_o}{\dot{V}_S} = \frac{r_i}{r_i + R_S}\dot{A}_V = \frac{27.7}{10 + 27.7} \times 134 = 98.5$$

（2）计算电路的输入电阻和输出电阻

$$R_o = R_c = 7.5\text{k}\Omega$$

16. （1）计算 I_{C1}，I_{C2}，V_{CE1} 和 V_{CE2}

$$I_{C1} = I_{C2} = \frac{V_E - (-V_{EE})}{2R_e} = \frac{-0.6 + V_{EE}}{2R_e} = \frac{-0.6 + 6}{2 \times 2.2} = 1.23\text{mA}$$

$$V_{CE1} = V_{CE2} = V_{CC} - I_C R_{c2} - V_E = 6 - 2.2 \times 1.23 - (-0.6) = 3.89\text{V}$$

$$r_{be} = 200 + (1+\beta)\frac{26}{I_E} \approx 200 + 51 \times \frac{26}{1.23} = 1.28\text{k}\Omega$$

（2）用小信号模型等效电路计算电路的电压增益、输入电阻和输出电阻。小信号模型等效电路（略）

$$R'_{L1} = R_e \mathbin{/\mkern-5mu/} \frac{r_{be}}{1+\beta} = 2.2 \mathbin{/\mkern-5mu/} \frac{1.28}{51} = 25\Omega$$

$$\dot{A}_{V1} = \frac{(1+\beta)R'_{L1}}{r_{be} + [(1+\beta)R'_{L1}]} = \frac{51 \times 0.025}{1.23 + 51 \times 0.025} = 0.51$$

$$\dot{A}_{V2} = \frac{\beta R_{c2}}{r_{be}} = \frac{50 \times 2.2}{1.23} = 89.4$$

$$\dot{A}_V = \dot{A}_{V1}\dot{A}_{V2} = 0.51 \times 89.4 = 45.6$$

$$R_i = r_{be} + [(1+\beta)R'_{L1}] = 2.5\text{k}\Omega$$

$$R_o = R_{c2} = 2.2\text{k}\Omega$$

17. （1）求电路静态时 I_B，I_C，V_{CE} 的表达式

$$I_B = \frac{V_{CC} - V_{BE}}{R_1}, \qquad I_C = \beta I_B$$

$$V_{CE} = V_{CC} - I_C(R_2 + R_3)$$

（2）画出小信号模型等效电路（略）

（3）写出电压增益、输入电阻、输出电阻表达式

$$\dot{A}_V = \frac{\dot{V}_o}{\dot{V}_i} = -\frac{\beta(R_3 \mathbin{/\mkern-5mu/} R_L)}{r_{be}}$$

$$R_i = r_{be} \mathbin{/\mkern-5mu/} R_1$$

$$R_o = R_3$$

（4）若 C_3 开路，静态工作点不变、电压增益增大、输入电阻不变、输出电阻增大。

18. （1）4V

（2）6V

（3）$V_{CE} = 4\text{V}$ 的不失真输出电压较大，是 4V。

19. (1) 小信号模型等效电路图(略)

(2) 当 $v_{i1} = v_{i2}$ 时,求 v_o 的大小

$$v_o = \frac{-\beta R_c (v_{i1} - v_{i2})}{R_s + r_{be} + (1+\beta) R_e} = 0$$

20. $V_{B1} = V_{CC} \dfrac{R_{b2}}{R_{b1} + R_{b2}}$ $\qquad\qquad$ $I_{E1} = \dfrac{V_{B1} - V_{BE}}{R_{e1}} \approx I_{C1}$

$V_{C1} \approx V_{CC} - I_{C1} R_{c1}$ $\qquad\qquad$ $I_{E2} = \dfrac{V_{C1} - V_{BE}}{R_{e2}} \approx I_{C2}$

$V_{CE1} \approx V_{CC} - I_{C1}(R_{c1} + R_{e1})$ $\qquad$ $V_{CE2} = V_{CC} - I_{E2} R_{e2}$

21. $V_{B2} = \dfrac{R_4}{R_3 + R_4} V_{CC} = \dfrac{8.2}{15 + 8.2} \times 12 = 4.24\text{V}$

$V_{C1} = V_{B2} - V_{BE} = 4.24 - 0.6 = 3.64\text{V}$

$V_{B1} = \dfrac{R_2}{R_1 + R_2} V_{C1} = \dfrac{3}{10 + 3} \times 3.64 = 0.84\text{V}$

$I_{E1} = \dfrac{V_{B1} - V_{BE}}{R_e} = \dfrac{0.84 - 0.6}{0.12} = 2\text{ mA} \approx I_{C1} \approx I_{C2}$

$V_{CE2} = V_{CC} - I_{C2} R_c - V_{C1} = 12 - 2 \times 2.4 - 3.64 = 3.56\text{V}$

$V_{CE1} = V_{C1} - I_{E1} R_e = 3.64 - 2 \times 0.12 = 3.4\text{V}$

22. (1) 估算静态工作点 $I_{C1}, I_{C2}, V_{CE1}, V_{CE2}$

$V_{B1} = \dfrac{18}{62 + 18} 12 = 2.7\text{V},$ $\qquad\qquad$ $I_{E1} = \dfrac{2.7 - 0.6}{0.5 + 1.5} = 1.05\text{mA} \approx I_{C1}$

$V_{CE1} \approx 12 - 1.05 \times (4.7 + 0.5 + 1.5) = 4.97\text{V}$

$r_{be1} = 200 + (1+\beta)\dfrac{26}{I_E} = 200 + 51 \times \dfrac{26}{1.05} = 1.46\text{k}\Omega$

$I_{E2} = \dfrac{1.05 \times 4.7 - 0.2}{10} = 0.474\text{mA} \approx I_{C2}$

$V_{CE2} = 12 - 0.474 \times 10 = 7.26\text{V}$

$r_{be1} = 200 + (1+\beta)\dfrac{26}{I_E} = 200 + 51 \times \dfrac{26}{0.474} = 3\text{k}\Omega$

(2) 计算电压增益 $\dot{A}_{VS} = \dfrac{\dot{V}_o}{\dot{V}_s}$ 以及输入电阻 R_i 和输出电阻 R_o

$R_{L1}' = 4.7 /\!/ [3 + 51 \times (10 /\!/ 10)] = 4.6\text{k}\Omega$

$\dot{A}_{V1} = -\dfrac{50 \times 4.6}{1.46 + 51 \times 0.5} = -8.53$

$$A_{V2} = \frac{51 \times 5}{3 + 51 \times 5} = 0.988$$

$$R_{i1} = 62 /\!/ 18 /\!/ (1.46 + 51 \times 0.5) = 9.19\text{k}\Omega$$

$$A_{VS} = \frac{9.19}{1 + 9.19} \times (-8.53) \times 0.988 = -7.6$$

$$R_i = R_{i1} = 9.19\text{k}\Omega$$

$$R_o = 0.15\text{k}\Omega$$

23. $1/\sqrt{2}$（或 0.7），3，$-45°$

24. A,C

25. A,C

3 集成电路运算放大器

3.1 理论要点

3.1.1 模拟集成电路及其结构特点

1. 模拟集成电路概念

把整个模拟电路的所有元器件及其连接,同时制作在一块硅基片上,构成具有特定功能的模拟电路,称为模拟集成电路。

2. 模拟集成电路的种类

模拟集成电路的种类包括运算放大器、功率放大器、模拟乘法器、模拟锁相环、模-数转换器、数-模转换器、稳压电源等。

3. 集成电路中元器件的特点

(1) 相邻元器件的特性一致性好。

(2) 用有源器件代替无源器件,电阻由半导体的体电阻形成,阻值为数十欧姆至20kΩ;较大阻值的电阻用 BJT 或 FET 组成的有源电阻代替。

(3) 二极管大多由晶体管 PN 节构成。

(4) 只能制作小容量的电容,难以制造电感,PN 节的结电容为 pF 级。

(5) 电路采用直接耦合的方式。

4. 模拟集成电路的结构特点

在模拟集成电路内部,各级电路之间采用直接耦合的方式。直接耦合方式引发的问题是零点漂移。在多级直接耦合放大电路中,第一级的零点漂移对放大电路的影响最严重。因此,模拟集成电路的第一级采用差分式放大电路(以及采取恒温措施、加入直流负反馈等)以抑制零点漂移。

5. 零点漂移

零点漂移是指放大电路的输入信号为零时,输出电压偏离静态值缓慢、无规则变化的现象。在多级直接耦合的放大电路中,前级的漂移电压会被后级逐级放大。

零点漂移问题是直接耦合的多级放大电路中必须解决的问题。

(1) 产生零点漂移的原因:电路元件参数的变化、电源电压波动、温度变化,其中温度变化的影响最严重。

(2) 衡量零点漂移的指标:

$$\Delta V_i = \frac{\Delta V_o}{A_V \Delta T} \tag{3-1}$$

式中　ΔV_i——输入端的等效漂移电压；

　　　ΔV_o——输出端的漂移电压；

　　　A_V——电路的电压增益；

　　　ΔT——温度变化。

（3）抑制零点漂移的方法：直接耦合的多级放大电路的第一级采用差分式放大电路以及采取恒温措施、加入直流负反馈等。

3.1.2　差分式放大电路

基本差分式放大电路如图 3-1 所示。

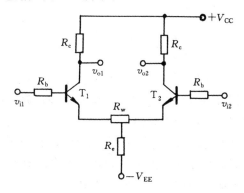

图 3-1　基本差分式放大电路

1. 差模信号与共模信号

差模信号和共模信号，是人为地把一对任意信号 v_{i1}、v_{i2}分解为特性不同的两种信号。差模信号 v_{id}指两个任意信号的差值：

$$v_{id} = v_{i1} - v_{i2} \tag{3-2}$$

共模信号 v_{ic}指两个任意信号的均值：

$$v_{ic} = \frac{v_{i1} + v_{i2}}{2} \tag{3-3}$$

则

$$v_{i1} = v_{ic} + v_{id}/2 \tag{3-4}$$

$$v_{i2} = v_{ic} - v_{id}/2 \tag{3-5}$$

也就是说，共模信号是两个任意信号中相同的部分，差模信号是两个任意信号中不同的部分。

差分式放大电路总输出电压为

$$v_o = A_{VD} v_{id} + A_{VC} v_{ic} \tag{3-6}$$

式中　　A_{VD}——差模电压增益;

　　　　A_{VC}——共模电压增益。

为什么要人为地把一对任意信号分解为差模信号和共模信号呢? 因为差分式放大电路对差模信号和共模信号的放大能力是不一样的。

2. 差分式放大电路的主要特点及性能

(1) 电路结构对称,两管的特性及各对应电路元件参数相同,引入共模负反馈。

(2) 抑制共模信号,放大差模信号。用共模抑制比 K_{CMR} 作为衡量这一性能的质量指标:

$$K_{CMR} = \left| \frac{A_{VD}}{A_{VC}} \right| \tag{3-7}$$

或

$$K_{CMR} = 20\lg \left| \frac{A_{VD}}{A_{VC}} \right| \tag{3-8}$$

K_{CMR} 越高越好。这是因为,噪声是一对共模信号,诸如温度引起的零点漂移,就相当于一对共模信号引起的输出。K_{CMR} 越高,说明差分式放大电路对共模信号的抑制能力越强,亦即对噪声的抑制能力越强。

(3) 双端输出时,利用电路的对称性抑制同相漂移(相当于共模信号);单端输出时,利用共模负反馈抑制同相漂移。由于差分式放大电路具有对噪声或说零点漂移抑制的能力,它在模拟集成电路中得到了最广泛地应用。

3. 差分式放大电路的主要类型

(1) 长尾电路:如图 3-1 所示,两个 BJT 共用射极电阻 R_e,R_e 大小有限,单端输出时电路的 K_{CMR} 不大。

(2) 带射极恒流源的电路:由于恒流源的动态电阻非常大,即两个 BJT 共用的射极电阻非常大,即便单端输出时电路的 K_{CMR} 也很大。

4. 差分式放大电路的输入输出方式

(1) 双端输入双端输出。

(2) 双端输入单端输出。

(3) 单端输入双端输出。

(4) 单端输入单端输出。

单端输入时,相当于一对任意信号 v_{i1}、v_{i2} 中的某一个为零,如图 3-2 中,$v_{i2} = 0$。由于 $r_o \gg r_{be}$,r_o 可视为开路,v_{i1} 被两个发射结分压,理想情况下每个发射结获得 $v_{i1}/2$,相当于一对差模信号加在两个 BJT 的输入端,电路的工作状态与双端输入时一致。

5．"半电路"等效电路分析法

由于差分式放大电路结构对称,相应元器件参数相同,故可用两个相同的"半电路"等效,仅分析"半电路"就可得出解,这就是"半电路"等效电路分析法。

应该注意的是,对于差模信号和共模信号,它们的"半电路"等效电路是不同的;在单端输出时,两个"半电路"是不一样的。

6．差分式放大电路的静态分析

差分式放大电路的静态分析,是利用电路分析的方法,通过列电压方程求解静态值。图 3-1 所示长尾电路静态时的两个"半电路"等效电路如图 3-3 所示。特别要注意的是:静态时发射极电阻 R_e 中流过的电流是 $2I_E$,在画两个"半电路"等效电路时,把 R_e 放在一个 BJT 的发射极电路中,根据局部电压保持不变的原则,R_e 的电流减半了,阻值要加倍。

另外,单端输出有载时,两管的集电极电路是不对称的,两管的集电极电位不同。

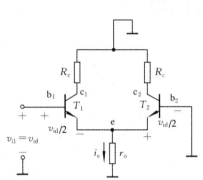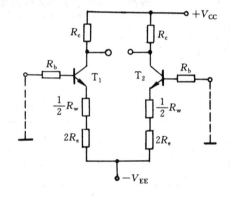

图 3-2 单端输入差分式放大　　　图 3-3 基本差分式放大电路静态
　　　电路的交流通路　　　　　　　　两"半电路"等效电路

7．差分式放大电路的动态分析

差分式放大电路的动态分析,要计算差模电压增益、共模电压增益、共模抑制比、输入电阻、输出电阻、频率响应等主要技术指标。

由于发射极电阻 R_e 流过的差模电流为零,共模电流为 $2i_e$,图 3-1 所示基本差分式放大电路动态时差模和共模的两个"半电路"等效电路分别如图 3-4 和图 3-5 所示。在差模的两个"半电路"等效电路中 R_e 被短路;在共模的两个"半电路"等效电路中 R_e 的电流减半了,阻值要加倍。

单端输入时,电路的工作状态与双端输入时基本一致。各种输入输出方式下差动放大电路的主要技术指标见表 3-1,其中包括差模电压增益 A_{VD}、差模输入电阻 R_{id}、共模输入电阻 R_{ic}、输出电阻 R_o、共模电压增益 A_{VC} 及共模抑制比 K_{CMR}。

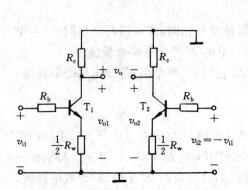 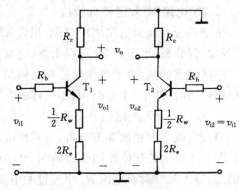

图 3-4　基本差分式放大电路动态时　　　　图 3-5　基本差分式放大电路动态时
　　　　差模两"半电路"　　　　　　　　　　　　共模两"半电路"

表 3-1　　　　　　　各种输入输出方式下差分式放大电路的主要技术指标

输入输出方式	A_{VD}	R_{id}	R_{ic}	R_o	A_{VC}	K_{CMR}
双入双出	A_{VD1}	$2[R_b+r_{be}+$ $(1+\beta)R_w/2]$	$\dfrac{1}{2}\left[R_b+r_{be}+ (1+\beta)\left(\dfrac{R_w}{2}+2R_e\right)\right]$	$2R_c$	0	∞
双入单出	$\pm\dfrac{1}{2}A'_{VD1}$	$2[R_b+r_{be}+$ $(1+\beta)R_w/2]$	$\dfrac{1}{2}\left[R_b+r_{be}+ (1+\beta)\left(\dfrac{R_w}{2}+2R_e\right)\right]$	R_c	$-\dfrac{R'_L}{2R_e+\dfrac{1}{2}R_w}$	$\dfrac{\beta\left(R_e+\dfrac{R_w}{4}\right)}{R_b+r_{be}+\dfrac{(1+\beta)R_w}{2}}$
单入双出	A_{VD1}	$2[R_b+r_{be}+$ $(1+\beta)R_w/2]$	$\dfrac{1}{2}\left[R_b+r_{be}+ (1+\beta)\left(\dfrac{R_w}{2}+2R_e\right)\right]$	$2R_c$	0	∞
单入单出	$\pm\dfrac{1}{2}A'_{VD1}$	$2[R_b+r_{be}+$ $(1+\beta)R_w/2]$	$\dfrac{1}{2}\left[R_b+r_{be}+ (1+\beta)\left(\dfrac{R_w}{2}+2R_e\right)\right]$	R_c	$-\dfrac{R'_L}{2R_e+\dfrac{1}{2}R_w}$	$\dfrac{\beta\left(R_e+\dfrac{R_w}{4}\right)}{R_b+r_{be}+\dfrac{(1+\beta)R_w}{2}}$

　　表 3-1 中 A_{VD1} 及 A'_{VD1} 分别是双端输出和单端输出两种情况下单管电路即"半电路"的差模电压增益,由图 3-4,在空载的情况下

$$A_{VD1}=A'_{VD1}=\frac{\beta R_C}{R_b+r_{be}+(1+\beta)\dfrac{R_w}{2}} \tag{3-9}$$

在有载的情况下

$$A_{VD1} = -\frac{\beta\left(R_c \mathbin{/\mkern-5mu/} \dfrac{R_L}{2}\right)}{R_b + r_{be} + (1+\beta)\dfrac{R_w}{2}}, \qquad A_{VD1}' = -\frac{\beta(R_c \mathbin{/\mkern-5mu/} R_L)}{R_b + r_{be} + (1+\beta)\dfrac{R_w}{2}} \qquad (3\text{-}10)$$

单端输出共模电压增益,由图 3-5,在有载的情况下

$$A_{VC} = -\frac{\beta(R_c \mathbin{/\mkern-5mu/} R_L)}{R_b + r_{be} + (1+\beta)\left(\dfrac{R_w}{2} + 2R_e\right)} \approx -\frac{R_c \mathbin{/\mkern-5mu/} R_L}{2R_e + \dfrac{R_w}{2}} \qquad (3\text{-}11)$$

其中 $R_c \mathbin{/\mkern-5mu/} R_L$ 即 R_L''。

关于频率响应,其高频响应在双端输入时与共射级电路相同,单端输入时 T_1,T_2 组成共射—共基电路,有效地提高了上限频率;由于是直接耦合,其低频响应极好。

8. 集成电路运算放大器中的电流源

(1) 为了改进集成运放的性能,需要有大电阻来获得微小的偏置电流和很高的电压增益。在集成电路中,大电阻不易制造,用电流源代替大电阻。

(2) 各种电流源电路都是用三极管和接成二极管的三极管组成的。

(3) 电流源为集成运放各级提供小而稳的偏置电流。

(4) 电流源的直流电阻小、交流电阻大,在模拟集成电路中广泛地将之作为各放大级的有源负载,提高电压增益。

(5) 几种常见的电流源:

① 镜像电流源,如图 3-6 所示。

② 微电流源,如图 3-7 所示。

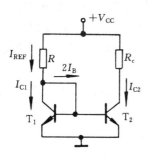

图 3-6 镜像电流源

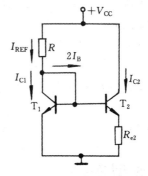

图 3-7 微电流源

3.1.3 集成运算放大器

1. 集成电路运算放大器及其组成

集成电路运算放大器是一种具有极高开环增益(10^5 以上)、高输入电阻和低输

出电阻的多级直接耦合模拟集成电路。集成运放的内部电路组成原理框图如图 3-8 所示。

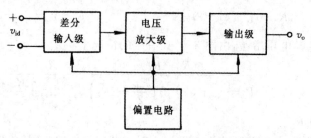

图 3-8　集成运放的内部组成原理框图

2. 集成电路运算放大器的主要参数

集成运放的主要参数包括：输入失调电压、输入偏置电流、输入失调电流、温度漂移、最大差模输入电压、最大共模输入电压、最大输出电流、开环差模电压增益、开环带宽、转换速率、单位增益带宽、共模抑制比、差模输入电阻、共模输入电阻、输出电阻、电源参数、静态功耗等。

3.2　基本要求

（1）正确理解模拟集成电路中多级直接耦合放大电路的零点漂移问题，理解差分式放大电路抑制共模信号的原理。

（2）熟练掌握差分式放大电路的工作原理，掌握 4 种不同的输入输出方式下静态值及动态性能指标的计算方法，其重点是正确画出"半电路"的直流通路、差模等效电路和共模等效电路，关键在于正确决定发射极所接的每个电阻在等效电路中的数值。

（3）正确理解作为集成运放偏置电路和重要组成部分的各种电流源的工作原理。

（4）了解集成运放的主要参数，弄清其定义和概念。

3.3　典型例题

例 3-1　一个多级直接耦合放大电路，电压增益为 250，在温度为 25℃时，输入信号 v_i 为零，输出端口的电压为 5V，当温度升高到 35℃时，输出端口的电压为 5.1V。试求：放大电路折合到输入端的温度漂移（$\mu V/℃$）。

解　$\Delta V_o = (5.1-5) = 0.1V = 100mV$

$$A_V = 250$$

$$\Delta t = 35 - 25 = 10℃$$

温漂为

$$\Delta V_i = \left| \frac{\Delta V_o}{A_V \Delta t} \right| = \frac{100}{250 \times 10} \text{ mV/℃} = 40 \mu\text{V/℃}$$

例 3-2　电路如图 3-9 所示,设图中 $\beta_1 = \beta_2 = 60, R_b = 2\text{k}\Omega, R_c = 10\text{k}\Omega, R_e = 5.1\text{k}\Omega, R_w = 100\Omega, R_L = 20\text{k}\Omega$,晶体管的输入电阻 $r_{be} = 1\text{k}\Omega, V_{BE} = 0.7\text{V}$,电位器 R_w 的滑动头在中间位置。试求:

(1) 计算电路的静态工作点。

(2) 计算电路的差模电压增益。

(3) 计算电路的输入输出电阻。

解　图 3-9 所示电路为双入双出差分式电路。由电路知: $v_{i1} = -v_{i2} = v_i/2$,是一对差模信号。静态分析时,注意流过 R_e 的电流是 $2I_E$;动态分析时,R_e 上的差模信号电流为零,因此可视为短路。

(1) 图 3-9 所示电路的静态两"半电路"如图 3-10 所示。由静态两"半电路",对左边的基极回路列出方程:

$$I_E = (1 + \beta) I_B$$

$$R_b I_B + V_{BE} + \frac{1}{2} R_w I_E + 2R_e I_E = 12\text{V}$$

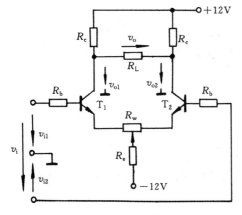

图 3-9　例 3-2 的双入双出差分式电路

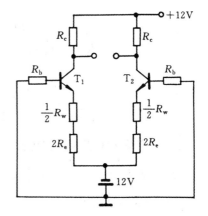

图 3-10　图 3-9 的静态两"半电路"

解得　$I_B = \dfrac{12 - V_{BE}}{R_b + (1+\beta)\left(\dfrac{1}{2} R_w + 2R_e\right)} = \dfrac{12 - 0.7}{2 + 61 \times (0.05 + 10.2)} \text{ mA} = 18 \mu\text{A}$

$$I_C = \beta I_B = 60 \times 18 = 1.08\text{mA}$$

$$I_E = (1+\beta)I_B = 61 \times 18 = 1.1\text{mA}$$

$$V_{CE} = 12 + 12 - I_C R_c - \frac{1}{2} I_E R_w - 2 I_E R_e$$

$$= 24 - 1.08 \times 10 - 1.1 \times 0.05 - 2 \times 1.1 \times 5.1$$

$$= 1.925\text{V}$$

（2）计算电路的差模电压增益。

图 3-9 所示电路的差模两"半电路"如图 3-11 所示。注意比较图 3-11 与图 3-4 的不同之处，并关注在双端输出时对负载电阻 R_L 的处理方法。图3-4 是空载的情况。图 3-11 是有载的情况。有载时，对于差模信号，$v_{o1} = -v_{o2}$，在 v_{o1} 与 v_{o2} 变化的过程中，R_L 的中点处电位不变，可视为交流地电位（有如跷跷板，两端点处高度一增一减变化时，中心支撑点的高度不变）。差模电压增益为

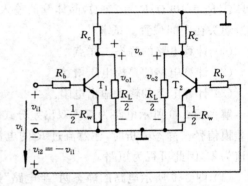

图 3-11　图 3-9 的差模两"半电路"

$$A_{VD} = \frac{v_o}{v_i} = \frac{v_{o1} - v_{o2}}{v_{i1} - v_{i2}} = \frac{2v_{o1}}{2v_{i1}}$$

$$= A_{VD1}$$

$$= \frac{-\beta I_b R_L'}{R_b I_b + r_{be} I_b + \frac{1}{2} R_w (1+\beta) I_b} = \frac{-\beta R_L'}{R_b + r_{be} + \frac{1}{2} R_w (1+\beta)}$$

$$= \frac{-60 \times 10 /\!/ \dfrac{20}{2}}{2 + 1 + 0.05 \times 61} = -49.6$$

（3）求差模输入电阻和输出电阻。

$$R_{id} = 2\left[R_b + r_{be} + (1+\beta)\frac{1}{2}R_w\right] = 2\left[2 + 1 + 61 \times \frac{1}{2} \times 0.1\right] = 12.1\text{k}\Omega$$

$$R_o = 2R_c = 20\text{k}\Omega$$

图 3-9 所示电路为双入双出差分式电路。由电路知：$v_{i1} = -v_{i2} = v_i/2$。静态分析时，注意流过 R_e 的电流为 $2I_E$；动态分析时，注意流过 R_e 的差模信号电流为零。

例 3-3 上例电路中，输出改为单端输出方式，参数不变。试计算：

（1）单端输出时的共模抑制比 K_{CMR}。

（2）用内阻为 $300\text{k}\Omega$ 的恒流源代替电阻 R_e，再计算 K_{CMR}，并与（1）结果比较。

解 （1）共模抑制比为

$$K_{CMR} = \left| \frac{A_{VD}}{A_{VC}} \right|$$

单端输出时的差模电压增益为

$$A_{VD} = \frac{v_{o1}}{v_{id}} = \frac{v_{o1}}{2v_{i1}} = -\frac{1}{2} \cdot \frac{\beta R_c /\!/ R_L}{R_b + r_{be} + \frac{1}{2}R_w(1+\beta)}$$

$$= A'_{VD1} / 2$$

注意：此时的负载电阻为 R_L，区别于双端输出时的 $\frac{1}{2}R_L$。

单端输出时的共模电压增益为

$$A_{VC} = \frac{v_{o1}}{v_{ic}} = \frac{v_{o1}}{v_{i1}} = \frac{-\beta R_c /\!/ R_L}{R_b + r_{be} + \frac{1}{2}R_w(1+\beta) + 2R_e(1+\beta)}$$

$$\approx -\frac{R_c /\!/ R_L}{2R_e}$$

$$K_{CMR} = \left| \frac{A_{VD}}{A_{VC}} \right| = \frac{R_b + r_{be} + \frac{1}{2}R_w(1+\beta) + 2R_e(1+\beta)}{2\left[R_b + r_{be} + \frac{1}{2}R_w(1+\beta) \right]}$$

$$\approx \frac{R_e(1+\beta)}{R_b + r_{be} + \frac{1}{2}R_w(1+\beta)} = \frac{61 \times 5.1}{2 + 1 + 0.05 \times 61} = 51$$

（2）$R_e = 300\text{k}\Omega$ 时

$$K_{CMR} = \frac{R_e(1+\beta)}{R_b + r_{be} + \frac{1}{2}R_w(1+\beta)} = \frac{61 \times 300}{2 + 1 + 0.05 \times 61} = 3025$$

由计算结果得知：不使用恒流源的差动电路，K_{CMR} 只有 51，而使用恒流源的差动电路，K_{CMR} 为 3025，提高近 59 倍。具有恒流源的差分式电路比没有恒流源的差分式电路共模抑制比高，更能有效地抑制零漂。R_e 的大小对电路抑制零漂的性能影响很大。

差分式放大电路单端输出时，依赖发射极电阻的负反馈抑制零漂。

例 3-4 图 3-12 电路中,R_w 阻值很小,可忽略其影响,$\beta_1 = \beta_2 = \beta_3 = 100$,$R_{e3} = 2.3k\Omega$,$R_c = 6.2k\Omega$,$R_b = 10k\Omega$,试求:

(1) 各管的静态值 I_B,I_C,$V_{CE}(V_{BE} = 0.7V)$。

(2) 计算电路的差模电压增益。

(3) 若将原电路化简为图 3-13 所示电路,对分析计算此题有无影响?

解 (1)

$$I_{E3} = \frac{V_Z - V_{BE3}}{R_{e3}} = \frac{6 - 0.7}{2.3} = 2.3\text{mA}$$

$$I_{C3} \approx I_{E3} = 2.3\text{mA}$$

$$I_{C1} = I_{C2} = \frac{1}{2}I_{C3} \approx 1.15\text{mA}$$

$$I_{B1} = I_{B2} = \frac{I_{C1}}{\beta} = \frac{1.15}{100} = 0.0115\text{mA}$$

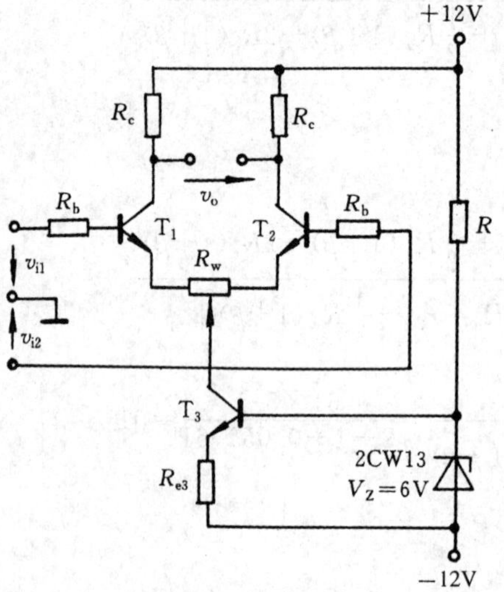

图 3-12 例 3-4 电路 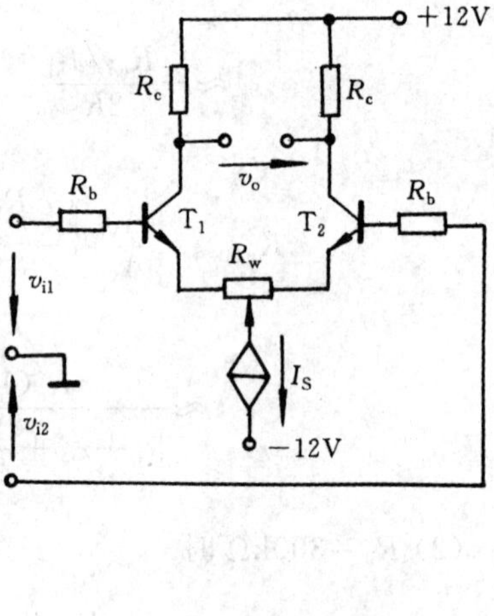   图 3-13 图 3-11 的简化电路

$$I_{B3} = \frac{1}{\beta}I_{C3} = \frac{2.3}{100} = 23\mu\text{A}$$

$$V_{B1} = -I_{B1}R_{b1} = -0.0115 \times 10 = 0.115\text{V}$$

$$V_{E1} = V_{B1} - V_{BE1} = -0.115 - 0.7 = -0.815\text{V}$$

$$V_{C1} = V_{CC} - I_{C1}R_c = 12 - 1.15 \times 6.2 = 4.87\text{V}$$

$$V_{CE2} = V_{CE1} = V_{C1} - V_{E1} = 4.87 - (-0.815) = 5.68V$$

$$V_{CE3} = V_{E1} - I_{E3}R_{e3} - (-12) = -0.815 - 2.3 \times 2.3 + 12 = 5.88V$$

（2）电路的差模电压增益：

$$r_{be} = 200 + \frac{26}{I_{B1}} = \left(200 + \frac{26}{0.0115}\right)\Omega = 2.46k\Omega$$

$$A_{VD} = \frac{v_o}{v_{id}} = \frac{v_{o1}}{v_{i1}} = \frac{-\beta R_c}{R_b + r_{be}} = -\frac{-100 \times 6.2}{10 + 2.46} = -49.72$$

（3）将原电路化简为图 3-13 所示电路后，既不影响静态分析，也不影响动态分析。

例 3-5 电路如图 3-14 所示，$\beta_1 = \beta_2 = 60$，$R_b = 2k\Omega$，$R_c = 10k\Omega$，$R_e = 5.1k\Omega$，$R_L = 10k\Omega$，晶体管的输入电阻 $r_{be} = 1k\Omega$，$V_{BE} = 0.7V$，$v_{i1} = 7mV$，$v_{i2} = 15mV$。试求：

（1）电路输出 v_o。

（2）计算电路的共模抑制比。

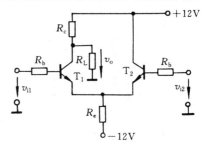

图 3-14 例 3-5 电路

解 （1）v_{i1} 与 v_{i2} 是一对比较输入信号，既包括差模分量 v_{id}，又包括共模分量 v_{ic}，差分式放大电路对差模分量和共模分量的作用是不一样的。应首先分解出 v_{ic} 和 v_{id}：

由

$$v_{i1} = v_{ic} + v_{id}/2$$

$$v_{i2} = v_{ic} - v_{id}/2$$

得到

$$v_{id} = v_{i1} - v_{i2} = 7 - 15 = -8mV$$

$$v_{ic} = \frac{1}{2}(v_{i1} + v_{i2}) = \frac{1}{2}(7 + 15) = 11mV$$

单端输出时的差模电压增益为

$$A_{VD} = \frac{v_{o1}}{v_{id}} = \frac{-\beta R_c // R_L}{2(R_b + r_{be})} = \frac{-60 \times 10 // 10}{2 \times (2 + 1)} = -50$$

单端输出时的共模电压增益为

$$A_{VC} = \frac{v_{o1}}{v_{ic}} = \frac{-\beta R_c // R_L}{R_b + r_{be} + 2R_e(1+\beta)} = \frac{-60 \times 10 // 10}{2 + 1 + 2 \times 5.1 \times 61} = -0.5$$

电路输出为

$$v_o = A_{VD}v_{id} + A_{VC}v_{ic} = -50 \times (-8) - 0.5 \times 11 = 394.5mV$$

（2）共模抑制比

$$K_{CMR} = \left| \frac{A_{VD}}{A_{VC}} \right| = \frac{50}{0.5} = 100$$

例3-6 差分放大电路如图3-15(a)所示。设结型场效应管 T_1，T_2参数相同，且 $g_m = 1mS$，$r_{ds} = \infty$。试估算：

（1）差模电压增益 A_{VD}。

（2）共模电压增益 A_{VC} 和共模抑制比 K_{CMR}。

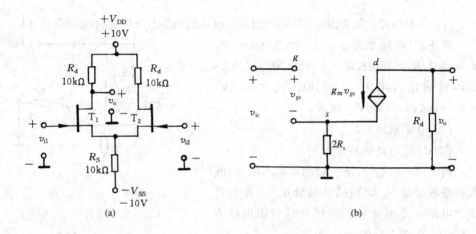

图 3-15 例 3-6 的图

解 （1）差模电压增益

$$A_{VD} = -\frac{1}{2} g_m R_d \approx -5$$

（2）画出共模等效电路如图3-15(b)所示

$$A_{VC} = \frac{\Delta v_o}{\Delta v_{ic}} = \frac{-g_m \Delta v_{gs} \cdot R_d}{\Delta v_{gs} + g_m \Delta v_{gs} \cdot 2R_s} = \frac{-g_m R_d}{1 + g_m \cdot 2R_s} = -0.476$$

$$K_{CMR} = \left| \frac{A_{VD}}{A_{VC}} \right| \approx 10.5$$

3.4 习题及答案

习 题

1. 为了放大变化缓慢的微弱信号,放大电路应采用_____耦合方式;为了实现阻抗变换,放大电路应采用_____耦合方式。

　　A. 直接　　B. 阻容　　C. 变压器　　D. 光电

2. 阻容耦合与直接耦合多级放大器之间的主要不同是_____。

　　A. 所放大的信号不同　　B. 交流通路不同　　C. 直流通路不同

3. 因为阻容耦合电路_____,所以这类电路_____,但是_____。

　　A_1. 各级静态工作点相互影响　　　B_1. 各级静态工作点独立

　　C_1. 各级增益互相影响　　　　　　D_1. 各级增益互不影响

　　A_2. 温漂小　　　　　　　　　　　B_2. 能放大直流信号

　　C_2. 增益稳定　　　　　　　　　　D_2. 增益不稳定

　　A_3. 温漂大　　　　　　　　　　　B_3. 不能放大直流信号

　　C_3. 增益不稳定　　　　　　　　　D_3. A_V 一定

4. 试判断下列说法是否正确,正确的在括号中画"√",否则画"×"。

（1）一个理想对称的差分放大电路,只能放大差模输入信号,不能放大共模输入信号。（　　）

（2）共模信号都是直流信号,差模信号都是交流信号。（　　）

（3）对于长尾式差分放大电路,不论是单端输入还是双端输入,在差模交流通路中,发射极电阻 R_e 一概可视为短路。（　　）

（4）在长尾式差分放大电路单端输入情况时,只要发射极电阻 R_e 足够大,则 R_e 相对于输入为 0 的 BJT 的发射极与地之间的电阻可视为开路。（　　）

（5）带有理想电流源的差分放大电路,只要工作在线性范围内,不论是双端输出还是单端输出,其输出电压值均与两个输入端电压的差值成正比,而与两个输入端电压本身的大小无关。（　　）

5. 集成运算放大器的多级放大电路间采用什么耦合方式?

6. 多级放大电路间采用直接耦合引发的主要问题是什么?

7. 为什么集成运算放大器的输入级采用差分式放大电路?

8. 差分式放大电路的结构特点是什么?

9. 差分式放大电路在双端输出和单端输出两种情况下,分别依靠什么抑制共模信号?

10. 在差分式放大电路双端输入两个任意信号 v_{i1},v_{i2} 的情况下,如何求总输出电压 v_o?

11. 电流源电路的直流电阻、动态电阻分别有什么特点? 为什么在射极耦合差分式放大电路中采用电流源电路做发射极的偏置?

12. 长尾式差分式放大电路如图 3-12 所示。已知:$V_{CC} = V_{EE} = 12V$,$\beta_1 = \beta_2 = 60$,$R_b = 1k\Omega$,$R_c = 12k\Omega$,$R_e = 11.3k\Omega$,$R_w = 200\Omega$,$R_L = 36k\Omega$,晶体管的输入电阻 $r_{bb'} = 200\Omega$,$V_{BE} = 0.7V$,电位器

R_w 的滑动头在中间位置。试求：

(1) 电路的静态工作点 $Q(I_B,I_C,V_{CE})$。

(2) 差模电压增益 A_{VD}。

(3) 差模输入电阻 R_{id} 和输出电阻 R_o。

13. 题图 3-12 所示电路中，静态时 R_L 中是否有电流通过？为什么？

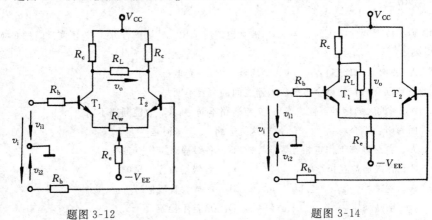

题图 3-12　　　　　　　　　　　　　　　题图 3-14

14. 双端输入单端输出的差分式放大电路如题图 3-14 所示。已知：$V_{CC}=V_{EE}=12V$，$\beta_1=\beta_2=100$，$R_b=5k\Omega$，$R_c=5k\Omega$，$R_L=10k\Omega$，晶体管的输入电阻 $r_{bb'}=300\Omega$，$V_{BE}=0.7V$，电流源的静态电流 $I_0=2mA$，动态电阻 $r_0=120k\Omega$。试求：

(1) 电路的静态工作点 $Q(I_B,I_C,V_{CE})$。

(2) 差模电压增益 A_{VD}。

(3) 差模输入电阻 R_{id} 和输出电阻 R_{od}。

(4) 共模电压增益 A_{VC}。

(5) 共模抑制比 K_{CMR}。

15. 题图 3-14 所示电路并不完全对称，该电路是否有抑制温漂的作用？为什么？$R_e=0$ 时呢？

16. 双端输入双端输出的差分式放大电路如题图 3-16 所示。求解下列问题：

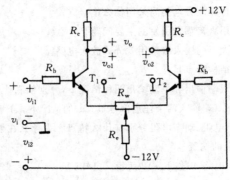

题图 3-16

(1) $v_{i1}=1500\mu V, v_{i2}=500\mu V$, 求差模分量 v_{id} 和共模分量 v_{ic}。

(2) 若 $A_{VD}=100$, 求输出 v_{od}。

(3) 当输入电压为 v_{id} 时, 输出信号从 T_2 的集电极取出, 求 v_{o2} 与 v_{id} 的相位关系。

(4) 若输出 $v_o=1000 v_{i1}-999 v_{i2}$, 计算电路的 A_{VD}, A_{VC} 和 K_{CMR}。

17. 一个双端输入、双端输出差分放大电路, 已知差模电压增益 A_{VD} 为 80dB, 当两边的输入电压为 $v_{i1}=1mV, v_{i2}=0.8mV$ 时, 测得输出电压 $v_o=2V$ 时。试问: 该电路的共模抑制比 K_{CMR} 为多少?

18. 单端输入单端输出的差分式放大电路如题图3-18所示。已知: $V_{CC}=V_{EE}=15V, \beta_1=\beta_2=80, R_b=1k\Omega, R_c=15k\Omega, R_e=14.3k\Omega, R_w=300\Omega, R_L=30k\Omega$, 晶体管的输入电阻 $r_{bb'}=100\Omega, V_{BE}=0.7V$。试求:

(1) 电路的静态工作点 $Q(I_B, I_C, V_{CE})$。

(2) 差模电压增益 A_{VD}。

(3) 差模输入电阻 R_{id} 和输出电阻 R_o。

(4) 共模电压增益 A_{VC}。

(5) 共模抑制比 K_{CMR}。

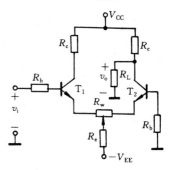

题图 3-18

19. 恒流源式双端输入单端输出的差分式放大电路如题图 3-19 所示。已知: $V_{CC}=V_{EE}=15V, R_b=10k\Omega, R_c=80k\Omega, R_e=32k\Omega, R_w=2k\Omega, R_L=120k\Omega, V_Z=7V$, 晶体管的输入电阻 $r_{bb'}=100\Omega, \beta=100, V_{BE}=0.6V$。试求:

(1) 电路的静态工作点 Q_1 和 $Q_2(I_B, I_C, V_{CE})$。

(2) 差模电压增益 A_{VD}。

(3) 差模输入电阻 R_{id} 和输出电阻 R_o。

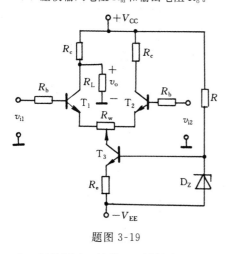

题图 3-19

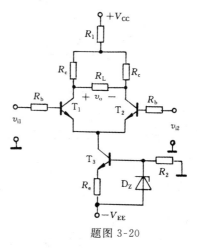

题图 3-20

20. 恒流源式双端输入双端输出的差分式放大电路如题图 3-20 所示。已知: $V_{CC}=V_{EE}=9V, R_b=5k\Omega, R_c=10k\Omega, R_1=5k\Omega, R_2=1k\Omega, R_e=8.5k\Omega, R_L=30k\Omega, V_Z=4V$, 晶体管的输入电阻 $r_{bb'}=100\Omega, \beta=80, V_{BE}=0.6V$。试求:

(1) 电路的静态工作点 Q_1，Q_2，Q_3（I_B，I_C，V_{CE}）。

(2) 差模电压增益 A_{VD}。

21. 对称三极管组成题图 3-21 所示电路。已知：三极管的 $V_{BE1}=V_{BE2}=0.6V$，$V_{CC}=12V$，$R=570k\Omega$，$\beta_1=\beta_2=60$，$V_{BE}=0.6V$。试求：T_2 管电流 I_{C2}。

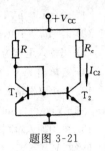

题图 3-21

22. 差分放大电路如题图 3-22 所示。设电路两边元器件参数对称，即 $R_{c1}=R_{c2}=R_c$，$R_{b1}=R_{b2}=R_b$，$\beta_1=\beta_2=\beta$，$r_{be1}=r_{be2}=r_{be}$，调零电位器 R_W 滑动端位于中点，试写出下列表达式：

(1) 单端输出与双端输出差模电压增益

$$A_{VD1}=\frac{v_A}{v_{id}}, \qquad A_{VD}=\frac{v_{AB}}{v_{id}};$$

(2) 差模输入电阻 R_{id}，输出电阻 R_o。

(3) 单端输出与双端输出共模电压增益

$$A_{VC1}=\frac{v_A}{v_{ic}}, \qquad A_{VC}=\frac{v_{AB}}{v_{ic}};$$

(4) 单端输出与双端输出共模抑制比

$$K_{CMR1}=\left|\frac{A_{VD1}}{A_{VC1}}\right|, \qquad K_{CMR}=\left|\frac{A_{VD}}{A_{VC}}\right|;$$

(5) 共模输入电阻 R_{ic}。

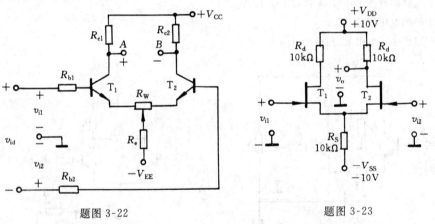

题图 3-22　　　　　　　　　　　　　题图 3-23

23. 差分放大电路如题图 3-23 所示。设场效应管 T_1，T_2 参数相同，且 $g_m=1mS$，$r_{ds}=\infty$。试估算：

(1) 差模电压增益 A_{VD}。

(2) 共模电压增益 A_{VC} 和共模抑制比 K_{CMR}。

答 案

1. A,C

2. A,C

3. B_1，A_2，B_3

4. (1) ×　　(2) ×　　(3) √　　(4) √　　(5) ×

5～11. (略)

12. (1) $I_B = 8.3\mu A$，$I_C = 0.5mA$，$V_{CE} = 6.7V$

(2) $A_{VD} = -41.5$，$r_{be} = 3.33k\Omega$

(3) $R_{id} = 20.86k\Omega$，$R_o = 24k\Omega$

13. 没有电流通过。因为电路结构对称，所以静态时 T_1 与 T_2 集电极电位相等，即 R_L 两端电压为0，故 R_L 中无电流通过。

14. (1) $I_B = 5\mu A$，$I_C = 0.5mA$，$V_{CE1} = 4.2V$，$V_{CE2} = 12.7V$

(2) $A_{VD} = -24.04$，$r_{be} = 5.4 k\Omega$

(3) $R_{id} = 20.8k\Omega$，$R_o = 10 k\Omega$

(4) $A_{VC} = -0.218$

(5) $K_{CMR} = 110.2$

15. 有。利用 R_e 对共模信号的负反馈作用抑制温度漂移；$R_e = 0$ 时，无负反馈电路，则不能抑制温度漂移。

16. (1) $v_{id} = 1000\mu V$，$v_{ic} = 1000\mu V$

(2) $V_{od} = 100mV$

(3) 同相

(4) $A_{VC} = 1$，$A_{VD} = 999.5$，$K_{CMR} = 999.5$

107 $v_{id} = v_{i1} - v_{i2} = 0.2mV$

$v_{ic} = \dfrac{1}{2}(v_{i1} + v_{i2}) = 0.9mV$

$v_o = A_{VD} \cdot v_{id} + A_{VC} \cdot v_{ic}$

$= A_{VD} \cdot v_{id}\left(1 + \dfrac{1}{K_{CMR}} \cdot \dfrac{v_{ic}}{v_{id}}\right)$

将已知数值代入上式，得 $K_{CMR} = \infty$

18. (1) $I_B = 6.25\mu A$，$I_C = 0.5mA$，$V_{CE1} = 8.2V$，$V_{CE2} = 5.7V$

(2) $A_{VD} = 22.84$，$r_{be} = 4.26k\Omega$

(3) $R_{id} = 34.82k\Omega$，$R_o = 15k\Omega$

(4) $A_{VC} = 0.34$

(5) $K_{CMR} = 67.2$

19. (1) $I_B = 1\mu A$，$I_C = 0.1mA$，$V_{CE1} = 4.8V$，$V_{CE2} = 7.6V$

(2) $A_{VD} = -8.75$，$r_{be} = 26.1k\Omega$

   （3）$R_{id}=274.2\text{k}\Omega$，$R_o=80\text{k}\Omega$

20. （1）$I_{B1}=I_{B2}=2.5\mu\text{A}$，$I_{C1}=I_{C2}=0.2\text{mA}$，$V_{CE1}=V_{CE2}=5.6\text{V}$

        $I_{B3}=5\mu\text{A}$，$I_{C3}=0.4\text{mA}$，$V_{CE3}=5.0\text{V}$

   （2）$A_{VD}=-30.97$，$r_{be}=10.5\text{k}\Omega$

21. $I_{C2}=19.4\mu\text{A}$

22. （1）$A_{VD1}=\dfrac{v_A}{v_{id}}=-\dfrac{\beta R_c}{2\left[R_b+r_{be}+(1+\beta)\cdot\dfrac{R_w}{2}\right]}$

       $A_{VD}=\dfrac{v_{AB}}{v_{id}}=-\dfrac{\beta R_c}{R_b+r_{be}+(1+\beta)\cdot\dfrac{R_w}{2}}$

   （2）$R_{id}=2\left[R_b+r_{be}+(1+\beta)\cdot\dfrac{R_w}{2}\right]$，$R_o\approx2R_c$

   （3）$A_{VC1}=\dfrac{v_A}{v_{ic}}=-\dfrac{\beta R_c}{R_b+r_{be}+(1+\beta)\left(2R_e+\dfrac{R_w}{2}\right)}$，$A_{VC}=\dfrac{v_{AB}}{v_{ic}}=0$

   （4）$K_{CMR1}=\left|\dfrac{A_{VD1}}{A_{VC1}}\right|=\dfrac{R_b+r_{be}+(1+\beta)\left(2R_e+\dfrac{R_w}{2}\right)}{2\left[R_b+r_{be}+(1+\beta)\dfrac{R_w}{2}\right]}$，$K_{CMR}=\left|\dfrac{A_{VD}}{A_{VC}}\right|=\infty$

   （5）$R_{ic}=\dfrac{1}{2}\left[R_b+r_{be}+(1+\beta)\left(2R_e+\dfrac{R_w}{2}\right)\right]$

23. （1）$A_{VD}=\dfrac{1}{2}g_m R_d\approx5$

   （2）画出共模等效电路如答图 3-23 所示。

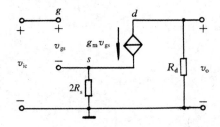

答图 3-23

$$A_{VC}=\dfrac{\Delta v_o}{\Delta v_{ic}}=\dfrac{-g_m\Delta v_{gs}\cdot R_d}{\Delta v_{gs}+g_m\Delta v_{gs}\cdot 2R_s}=\dfrac{-g_m R_d}{1+g_m\cdot 2R_s}=-0.476$$

$$K_{CMR}=\left|\dfrac{A_{VD}}{A_{VC}}\right|\approx10.5$$

4 功率放大电路

4.1 理论要点

在实用电路中,往往要求放大电路的末级(即输出级)输出一定的功率以驱动负载,能够向负载提供足够信号功率的放大电路称为功率放大电路,简称功放。功率放大电路通常在大信号状态下工作,其主要功能是获得一定的不失真或失真较小的输出功率。

4.1.1 功率放大电路的主要问题

(1) 要求输出功率尽可能大。
(2) 效率要高。
(3) 非线性失真要小。
(4) 功率管的散热问题。

4.1.2 放大器的三种工作状态

三种工作状态及其特点见表 4-1。

表 4-1　　　　　　　放大电路的三种工作状态及其特点

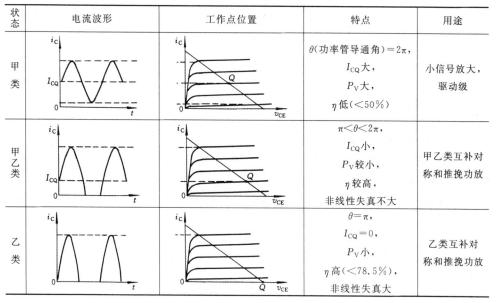

状态	电流波形	工作点位置	特点	用途
甲类			θ(功率管导通角)$=2\pi$, I_{CQ}大, P_V大, η低($<50\%$)	小信号放大, 驱动级
甲乙类			$\pi<\theta<2\pi$, I_{CQ}小, P_V较小, η较高, 非线性失真不大	甲乙类互补对称和推挽功放
乙类			$\theta=\pi$, $I_{CQ}=0$, P_V小, η高($<78.5\%$), 非线性失真大	乙类互补对称和推挽功放

两个都工作在乙类或甲乙类状态的管子,组成推挽式互补对称电路,可解决效率与失真的矛盾。

4.1.3　乙类互补对称功率放大电路

基本乙类互补对称功率放大电路如图 4-1 所示。电路的性能指标:

1. 输出功率 P_o

$$P_o = \frac{1}{2} \times \frac{V_{om}^2}{R_L} \qquad (4-1)$$

2. 功率 BJT 的管耗 P_T

$$P_T = P_{T1} + P_{T2} = \frac{2}{R_L}\left(\frac{V_{CC}V_{om}}{\pi} - \frac{V_{om}^2}{4}\right) \quad (4-2)$$

3. 直流电源供给的功率 P_V

$$P_V = P_o + P_T = \frac{2V_{CC}V_{om}}{\pi R_L} \qquad (4-3)$$

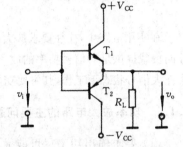

图 4-1　基本乙类互补对称
功率放大电路

4. 效率 η

$$\eta = \frac{P_o}{P_V} = \frac{\pi}{4} \times \frac{V_{om}}{V_{CC}} \qquad (4-4)$$

功率管的选择原则:

(1) $$P_{CM} > P_{T1m} \approx 0.2 P_{om} \qquad (4-5)$$

(2) $$|U_{(BR)CEO}| > 2V_{CC} \qquad (4-6)$$

(3) $$I_{CM} > \frac{V_{CC}}{R_L} \qquad (4-7)$$

4.1.4　乙类互补对称功率放大电路存在的问题及对策

乙类互补对称功率放大电路存在的问题:交越失真。

对策:使互补对称功率放大电路中的功率管静态时处于微导通状态(即甲乙类工作状态),得到甲乙类互补对称功率放大电路。

由于甲乙类互补对称功率放大电路的静态电流很小,对它的性能指标仍可用乙类互补对称电路的公式进行近似计算。

4.2 基本要求

（1）理解功率放大电路的主要问题。

（2）了解放大管的三种工作状态及特点。

（3）重点掌握互补对称功率放大电路的分析计算，主要是输出功率 P_o、功率 BJT 的管耗 P_T、直流电源供给的功率 P_V、效率 η 以及功率管的选择原则。

（4）认识几种互补对称功率放大电路。

4.3 典型例题

例 4-1 一双电源互补对称电路（OCL 电路）如图 4-1 所示，设 $V_{CC}=18V$，$R_L=12\Omega$，v_i 为正弦波。试求：（1）在 BJT 的饱和压降 V_{CES} 可以忽略不计的条件下，负载上可能得到的最大输出功率 P_{om}、效率 η、管耗 P_T；（2）每个管子允许的最大管耗 P_{CM} 至少应为多少？（3）每个管子的耐压 $|V_{(BR)CEO}|$ 应大于多少？

解 （1）输出功率

$$P_o = \frac{1}{2}\frac{V_{om}^2}{R_L}$$

忽略饱和压降 V_{CES} 时，$V_{om} \approx V_{CC}$，此时最大输出功率为

$$P_{om} \approx \frac{1}{2}\frac{V_{CC}^2}{R_L} = \frac{1}{2} \times \frac{18^2}{12} = 13.5W$$

效率

$$\eta = \frac{P_o}{P_V} = \frac{\pi}{4} \times \frac{V_{om}}{V_{CC}} \approx \frac{\pi}{4} = 78.5\%$$

管耗

$$P_T = P_{T1} + P_{T2} = \frac{2}{R_L}\left(\frac{V_{CC}V_{om}}{\pi} - \frac{V_{om}^2}{4}\right) \approx \frac{2V_{CC}^2}{R_L}\left(\frac{1}{\pi} - \frac{1}{4}\right) = 3.69W$$

（2）每个管子允许的最大管耗至少应为

$$P_{CM} = 0.2P_{om} = 0.2 \times 13.5 = 2.7W$$

（3）每个管子的耐压 $|V_{(BR)CEO}|$ 应为

$$|V_{(BR)CEO}| > 2V_{CC} = 2 \times 18 = 36V$$

例 4-2   在图 4-1 所示电路中,设 v_i 为正弦波,$R_L = 12\Omega$,要求最大输出功率 $P_{om} = 13W$。在 BJT 的饱和压降 V_{CES} 可以忽略不计的条件下,求:(1) 正、负电源 V_{CC} 的最小值;(2) 根据所求 V_{CC} 最小值,计算相应的 I_{CM} 和 $|V_{(BR)CEO}|$ 的最小值;(3) 输出功率最大($P_{om} = 13W$)时,电源供给的功率 P_V;(4) 每个管子允许的管耗 P_{CM} 的最小值;(5) 当输出功率最大($P_{om} = 13W$)时的输入电压有效值。

解   (1) 由最大输出功率

$$P_{om} \approx \frac{1}{2} \frac{V_{CC}^2}{R_L}$$

得 $$V_{CC} = \sqrt{2R_L P_{om}} = \sqrt{2 \times 12 \times 13} = 17.66V$$

取 $$V_{CC} = 18V$$

(2) 输出电流幅值

$$I_{om} = \frac{V_{om}}{R_L} \approx \frac{V_{CC}}{R_L} = \frac{18}{12} = 1.5A$$

即 I_{CM} 的最小值为 $$I_{om} = 1.5A$$

$|V_{(BR)CEO}|$ 的最小值为 $$2V_{CC} = 2 \times 18 = 36V$$

(3) 输出功率最大时,电源供给的功率

$$P_V = \frac{2V_{CC}^2}{\pi R_L} = \frac{2 \times 18^2}{\pi \times 12} = 17.19W$$

(4) 每个管子允许的管耗 P_{CM} 的最小值

$$P_{CM} = 0.2P_{om} = 0.2 \times 13 = 2.6W$$

(5) 输出功率最大时的输入电压有效值

$$V_i \approx V_o = \frac{V_{CC}}{\sqrt{2}} = \frac{18}{\sqrt{2}} = 12.73V$$

例 4-3   一单电源互补对称功放电路如图 4-2 所示,设 v_i 为正弦波,$R_L = 8\Omega$,管子的饱和压降 V_{CES} 可忽略不计。试求最大不失真输出功率 P_{om}(不考虑交越失真)为 9W 时,电源电压 V_{CC} 至少应为多大?效率 η 为多少?

解   由最大不失真输出功率

$$P_{om} \approx \frac{1}{2} \times \frac{\left(\dfrac{V_{CC}}{2}\right)^2}{R_L}$$

得 $$V_{CC} = 2\sqrt{2P_{om}R_L} = 2 \times \sqrt{2 \times 9 \times 8} = 24V$$

效率 $$\eta \approx \frac{\pi}{4} \times \frac{\dfrac{V_{CC}}{2}}{V_{CC}} \cdot \frac{1}{\dfrac{V_{CC}}{2}} = 78.5\%$$

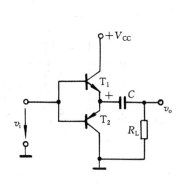

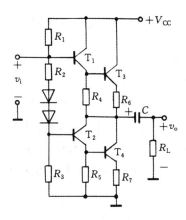

图 4-2　单电源互补对称功放电路　　　图 4-3　OTL 准互补对称电路

例 4-4　OTL 准互补对称电路如图 4-3 所示。

(1) 说明三极管 $T_1 \sim T_4$ 类型,并说明电路为何称为"OTL 准互补"。

(2) 静态时输出电容 C 两侧的电压应为多大? 调整哪个元件可以达到上述目的?

(3) 电阻 R_2 的调节主要解决什么问题?

(4) 电路中电阻 R_4 与 R_5 的作用是什么?

(5) 电阻 R_6 与 R_7 有哪些作用?

解　(1) T_1 和 T_3 组成 NPN 型复合管,因而 T_1 和 T_3 都是 NPN 型三极管;T_2 和 T_4 组成 PNP 型复合管,因而 T_2 是 PNP 型三极管,T_4 是 NPN 型三极管。由于 T_4 不是 PNP 型三极管,故电路称为准互补;由于输出电路中无变压器,故称为 OTL 电路。

(2) 静态时输出电容 C 两侧的电压应为 $\frac{1}{2} V_{CC}$;调整 R_1 可以达到上述目的。

(3) 改变 R_2 的大小,可以改变两复合管 V_{BE} 的大小,从而解决交越失真的问题。

(4) R_4,R_5 可分别改变 T_3 和 T_4 的静态工作点。

(5) R_6,R_7 引入电流负反馈,可稳定静态工作点,改善输出波形,在负载突然短路时,可提供限流保护。

例 4-5　图 4-4 为一互补对称功率放大电路,输入为正弦电压。设 T_1 和 T_2 的饱和压降 $V_{CES} \approx 0V$,两管临界导通时的基-射极间电压很小,可以忽略不计。试求:电路的最大输出功率和输出功率最大时两个电阻 R 上的损耗功率。

解　计算输出电压的大小时,应考虑发射极 6Ω 电阻的分压作用。在 T_1 和 T_2 的饱和压降 $V_{CES} \approx 0V$ 的情况下,放大电路输出电压的最大幅值为

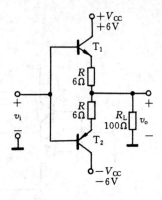

$$V_{om} = V_{CC}\frac{R_L}{R_L + R} = 6 \times \frac{100}{100 + 6} = 5.66V$$

最大输出功率为

$$P_{om} = \frac{1}{2} \times \frac{V_{om}^2}{R_L} = \frac{5.66^2}{2 \times 100} = 0.16W$$

输出功率最大时两个电阻 R 上的损耗功率：

[方法1]　$P_R = 2I_R^2R$，由于每个电阻只在半个周期内有电流通过,故每个电阻电流的有效值为

$$I_R = \sqrt{\frac{1}{2\pi}\int_0^{\pi}(I_{om}\sin\omega t)^2\mathrm{d}\omega t} = \frac{I_{om}}{2}$$

图 4-4　例 4-5 的电路

$$I_{om} = \frac{V_{om}}{R_L} = \frac{5.66}{100} = 56.6mA$$

$$P_R = 2I_R^2R = 2 \times \left(\frac{56.6}{2}\right)^2 \times 6 = 9610.68 \times 10^{-6}W = 9.61mW$$

[方法2]　两个电阻 R 上的电压在一个周期内合起来为一完整的正弦波,其最大幅值为

$$V_{Rm} = V_{CC}\frac{R}{R_L + R} = 6 \times \frac{6}{100 + 6} = 0.3396V$$

所以

$$P_R = \frac{1}{2} \times \frac{V_{Rm}^2}{R} = \frac{0.34^2}{2 \times 6} = 9.61mW$$

例 4-6　OCL 互补对称电路及元件参数如图 4-5 所示,已测得 T_1 和 T_2 管的饱和压降 $V_{CES} \approx 1V$。

(1) v_i 的幅值 V_{im} 为多大时,R_L 上有最大的不失真输出电压 V_{om}?

(2) 应如何选择三极管 T_1,T_2 的参数 I_{CM},$|V_{(BR)CEO}|$?

解　(1) R_L 上的最大不失真输出电压为

$$V_{om} = V_{CC} - V_{CES} = 18 - 1 = 17V$$

由图 4-5 得

$$V_o = \left(1 + \frac{R_f}{R_1}\right)V_i = \left(1 + \frac{600}{10}\right)V_i = 61V_i$$

所以

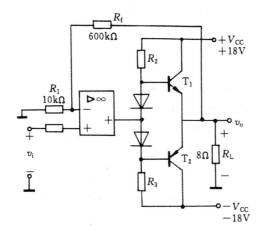

图 4-5 例 4-6 的电路

$$V_{im} = \frac{V_{om}}{61} = \frac{17}{61} = 0.279\text{V}$$

（2）三极管 T_1，T_2 的参数为

$$I_{CM} > \frac{V_{CC}}{R_L} = \frac{18}{8} = 2.25\text{A}$$

$$|V_{(BR)CEO}| > 2V_{CC} = 2 \times 18 = 36\text{V}$$

4.4 习题及答案

习 题

1. 根据 BJT 在一个正弦周期内导通的情况不同,功率放大电路有哪几种工作状态? 其中哪种工作状态的效率高且失真小?

2. 功率放大电路中什么是交越失真? 引起交越失真的原因是什么? 如何消除交越失真?

3. 甲类、甲乙类、乙类放大电路中放大管的导通角分别等于多少?

4. 乙类推挽功率放大电路的效率如何? 在理想情况下其值可达多少? 这种电路会产生一种什么失真现象? 为了消除这种失真,应当使推挽功率放大电路工作在什么状态?

5. 判断下列说法是否正确,凡正确的打“√”,凡错误的打“×”。

（1）分析功率放大电路时,应着重研究电路的输出功率及效率。（　　）

（2）功率放大电路的最大输出功率是指电源提供的最大功率。（　　）

（3）功率放大电路的输出功率越大,输出级三极管的管耗也越大。（　　）

（4）功率放大电路的效率是最大输出功率与电源提供的平均功率之比。（　　）

6. 有三种功率放大电路:

A. 甲类功率放大电路

B. 甲乙类功率放大电路

C. 乙类功率放大电路

选择正确答案填空:

(1) 输出功率变化而电源提供的功率基本不变的电路是( )。

(2) 静态功耗约为 0 的电路是( )。

(3) 功放管的导通角最大的电路是( )。

7. 在题图 4-7 所示 OTL 电路中,已知输入电压 v_i 为正弦波,三极管的饱和管压降 $V_{CES} \approx 1V$;电容 C_1 和 C_2 对于交流信号可视为短路;静态时,输入端电位和 A 点电位应为 12V。回答下列问题:

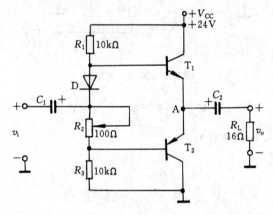

题图 4-7

(1) 负载电阻 R_L 上可能得到的最大输出功率 P_{om} 约为多少瓦?

(2) 若静态时,A 点电位 $V_A < 12V$,则应增大哪个电阻的阻值?

(3) 若静态时,放大管管耗过大,则应减小哪个电阻的阻值?

8. 在乙类双电源互补对称功率放大电路中,如何选择功率 BTJ 的 3 个极限参数?

9. 设计一个输出功率为 20W 的扩音机电路,若用乙类 OCL(即双电源)互补对称功放电路,则应选功率管的 P_{CM} 至少为多少?

10. 下列说法是否正确?

(1) 当甲类功放电路的输出功率为零时,功率管消耗的功率最大。

(2) 乙类功放电路在输出功率最大时,功放管消耗的功率最大。

(3) 在输入电压为零时,甲乙类推挽功放电路中的电源所消耗的功率是两个管子的静态电流与电源电压的乘积。

(4) 在功放管的极限参数中,集电极最大允许耗散功率 P_{CM} 是集电极最大电流 I_{CM} 与基极开路时集电极-发射极间反向击穿电压 $V_{(BR)CEO}$ 的乘积。

(5) 由于功率放大电路中的三极管处于大信号工作状态,所以微变等效电路方法已不再适用。

(6) OCL 乙类互补对称电路,其功放管的最大管耗出现在输出电压幅度为 $\frac{2}{\pi}V_{CC}$ 的时候。

（7）只有当两个三极管的类型相同时才能组成复合管。

11. OCL 功率放大电路如题图 4-11 所示，其中 T_1 的偏置电路未画出。若输入为正弦电压，互补管 T_2 与 T_3 的饱和管压降可以忽略，试选择正确的答案填空。

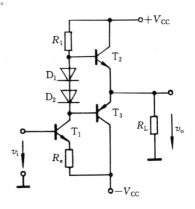

（1）T_2 和 T_3 的工作方式一般应为 _____。

　　A. 甲类　　B. 乙类　　C. 甲乙类　　D. 丙类

（2）理想情况下，电路的最大输出功率为 _____。

　　A. $V_{CC}^2/2R_L$ 　　　　B. $V_{CC}^2/8R_L$

　　C. $V_{CC}^2/4R_L$ 　　　　D. V_{CC}^2/R_L

（3）电路中 R_1 的作用是 _____，D_1 和 D_2 的作用是 _____。

　　A. 充当 T_1 的集电极负载

　　B. 消除交越失真

　　C. 增大输出功率

　　D. 减小三极管的穿透电流

题图 4-11

12. OCL 电路如图 4.1 所示，已知 $V_{CC}=12V$，$R_L=8\Omega$，v_i 为正弦电压。求：

（1）$V_{CES}\approx0$ 的情况下，负载上可能得到的最大输出功率 P_{om}。

（2）每个功率管的管耗 P_{CM} 至少应为多少？

（3）每个功率管的耐压 $|V_{(BR)CEO}|$ 至少应为多少？

13. 设计一个双电源互补对称功率放大电路（OCL 电路），已知 $R_L=12\Omega$，要求最大输出功率 $P_{om}=13W$。在 BJT 的饱和压降 V_{CES} 可以忽略不计的条件下，试选择合适的元件：

（1）选择合适大小的正、负电源 V_{CC} 的值。

（2）在题表 4-13 中选择一款合适的 BJT。

题表 4-13　　　　　　　　　　　　**几款常见 BJT 型号与参数**

型号	$\lvert V_{(BR)CEO}\rvert$	I_{CM}	P_{om}
2SC1569	300V	0.15A	1.5W
2SA966Y	30V	1.5A	0.9W
2SD1274A	150V	5A	40W
2SA1304	150V	1.5A	2.5W

注：P_{om} 为输出功率。

14. OTL 电路如图 4-2 所示，电容 C 足够大，$R_L=12\Omega$。

（1）试估算 $V_{CC}=18V$，$V_{CES}=2V$ 时电路最大输出功率 P_{om}。

（2）若要求最大输出功率 $P_{om}=4W$，电源电压 V_{CC} 为多大？（设功率管饱和压降 V_{CES} 仍为 2V）

15. 题图 4-15 所示电路为 OTL 互补对称功率放大电路。

（1）在图中标明 T_1 管和 T_2 管的类型。

（2）在图示信号 v_i 作用下，定性画出输出 v_o 的波形。

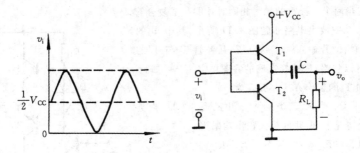

题图 4-15

16. OTL 准互补对称电路如图 4-3。已知 T_3 与 T_4 饱和管压降 $V_{CES}=2V$，$R_6=R_7=0.5\Omega$，R_L $=4\Omega$。

(1) 当 $V_{CC}=18V$ 时，求负载 R_L 上的最大输出功率 P_{om}。

(2) 若在 R_L 上要得到 8W 的输出功率，则需要 $V_{CC}=$？

17. OCL 互补对称功放电路如题图 4-17。已知 $v_i=10\sqrt{2}\sin\omega t$ V，T_1 与 T_2 管饱和压降 $V_{CES}\approx$ 0V，$R_L=16\Omega$，试计算：

(1) 负载 R_L 上的输出功率 P_o。

(2) 电源提供的功率 P_V。

(3) 三极管的总的管耗 P_T。

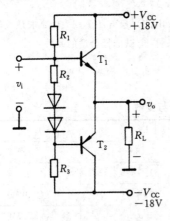

题图 4-17

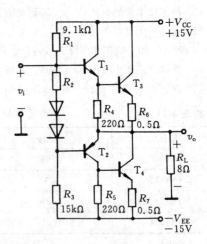

题图 4-19

18. 上题电路中，设输入信号足够大，T_1 与 T_2 管饱和压降 $V_{CES}\approx 0V$，$R_L=16\Omega$，试计算：

(1) 负载 R_L 上最大的不失真输出功率 P_{omax}。

(2) 电源提供的功率 P_V。

(3) 三极管的总的管耗 P_T。

(4) 若 T_1 与 T_2 管饱和压降 $V_{CES}\approx 2V$，$P_{omax}=12W$，则 $V_{CC}=$？

19. OCL互补对称功放电路如题图4-19所示。输入电压为正弦波。已知当输入信号幅度达到最大时，T_3与T_4的饱和压降$V_{CES}\approx 2V$。试求：

(1) T_3和T_4承受的最大电压V_{CEmax}。

(2) T_3和T_4流过的最大集电极电流I_{Cmax}。

(3) T_3和T_4每个管子的最大管耗P_{T1max}。

(4) 若R_3和R_4上的电压及T_3与T_4的饱和压降V_{CES}忽略不计，则T_3与T_4管的参数$P_{(M}$，$V_{(BR)CEO}$，I_{CM}应如何选择？

20. 电路如题图4-20所示。

(1) 要稳定电路的输出电压，应引入何种形式的反馈？在图中标出相应的反馈支路。

(2) 当电路输入信号幅值$V_{im}=140mV$时，要求负载R_L上得到最大的不失真输出电压V_{om}，反馈电阻应取多大？（设$V_{CES}\approx 1V$）

(3) 负载R_L上最大的不失真输出功率$P_{omax}=$？

(4) 电源提供的功率$P_V=$？效率$\eta=$？

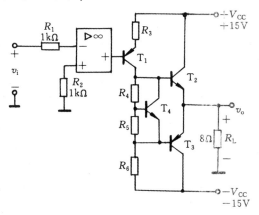

题图 4-20

21. 在题图4-21所示电路中，已知输入电压v_i为正弦波，电容C对于交流信号可视为短路，选择填空：

(1) 第一级差分放大电路是（   ）。

　　A. 双端输入、双端输出　　B. 双端输入、单端输出　　C. 单端输入、单端输出

(2) 第二级是以T_4为放大管的（   ）。

　　A. 共射放大电路　　B. 共集放大电路　　C. 共基放大电路

(3) 第三级为（   ）。

　　A. 桥式推挽功率放大电路　　B. OCL功率放大电路　　C. OTL功率放大电路

(4) 当电源电压从$\pm 24V$变为$\pm 15V$时，各级静态电流（   ）。

　　A. 均变小　　B. 均基本不变　　C. 有的变小，有的变大

(5) R_8，R_9，T_5所构成的电路是为了消除（   ）。

　　A. 饱和失真　　B. 截止失真　　C. 交越失真

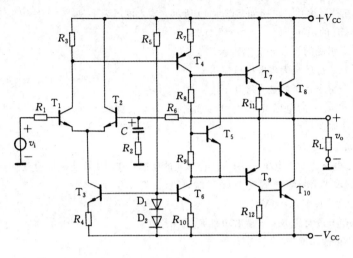

题图 4-21

答　案

1. 有甲类放大、乙类放大和甲乙类放大三种工作状态。甲乙类互补对称放大电路可以保证既效率高又失真小。

2. 乙类互补对称电路中,当输入信号过小时,因三极管截止而产生的失真称为交越失真。这种失真通常出现在通过零值处,其原因是晶体管发射结存在死区电压,当输入信号低于死区电压时,晶体管不能导通,无输出电压。若要消除交越失真,可以采用甲乙类放大电路,使晶体管处于微导通状态。

3. $2\pi,2\pi\sim\pi,\pi$

4. 乙类推挽功率放大电路的效率较高,理想情况下其值可达 78.5%;这种电路会产生交越失真现象;为了消除这种失真,应当使推挽功率放大电路工作在甲乙类状态。

5. (1) $\checkmark$ 　　(2) $\times$ 　　(3) $\times$ 　　(4) $\checkmark$

6. (1) A　　(2) C　　(3) A

7. (1) $P_{om}=\dfrac{\left(\dfrac{V_{CC}}{2}-V_{CES1}\right)^2}{2R_L}\approx3.78\,W$

(2) R_3

(3) R_2

8. (1) 集电极最大允许管耗 $P_{CM}>P_{Tim}\approx0.2P_{om}$

(2) 基极开路时集-射间反向击穿电压 $|V_{(BR)CEO}|>2V_{CC}$

(3) 集电极最大允许电流 $I_{CM}>\dfrac{V_{CC}}{R_L}$

9. $P_{CM}=0.2P_{om}=0.2\times20=4\,W$

10. (1) 对　　(2) 错　　(3) 对　　(4) 错　　(5) 对　　(6) 对

(7) 错

11. (1) C　　(2) A　　(3) A　B

12. (1) $P_{om} = \dfrac{1}{2} \times \dfrac{V_{om}^2}{R_L} \approx \dfrac{1}{2} \times \dfrac{V_{CC}^2}{R_L} = 9$ W

(2) P_{CM} 至少应为　　$0.2 P_{om} = 0.2 \times 9 = 1.8$ W

(3) $|V_{(BR)CEO}|$ 至少应为　　$2V_{CC} = 24$ V

13. (1) $P_{om} = \dfrac{1}{2} \times \dfrac{V_{om}^2}{R_L} \approx \dfrac{1}{2} \times \dfrac{V_{cc}^2}{R_L}$

$V_{cc} = \sqrt{2 R_L P_{om}} = \sqrt{2 \times 12 \times 13} = 17.66$ V, 取 $V_{CC} = 18$ V

(2) I_{CM} 至少应为 $\dfrac{V_{CC}}{R_L} = \dfrac{18}{12} = 1.5$ A

P_{CM} 至少应为 $0.2 P_{om} = 0.2 \times 13 = 2.6$ W

$|V_{(BR)CEO}|$ 至少应为 $2V_{CC} = 36$ V

选择 2SA1304。

14. (1) 当 $V_{om} = \dfrac{1}{2} V_{CC} - V_{CES} = 7$ V 时, 有最大输出功率

$$P_{om} = \dfrac{1}{2} \times \dfrac{V_{om}^2}{R_L} = 2.04 \text{ W}$$

(2) $V_{om} = \sqrt{2 R_L P_{om}} = 9.8$ V,　$V_{CC} = 2(V_{CES} + V_{om}) = 23.6$ V

15. (1) T_1 为 NPN 管, T_2 为 PNP 管

(2)

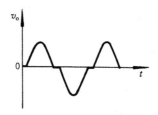

答图 4-15

16. (1) $P_{om} = 4.8$ W

(2) $V_{CC} = 22$ V

17. (1) $P_o = 6.25$ W

(2) $P_V = 10.13$ W

(3) $P_T = 3.88$ W

18. (1) $V_{omax} \approx V_{CC} = 18$ V,　$P_{omax} = \dfrac{1}{2} \times \dfrac{V_{omax}^2}{R_L} = 10.13$ W

(2) $P_V = \dfrac{2 V_{CC} V_{om}}{\pi R_L} = 12.89$ W

(3) $P_T = \dfrac{2}{R_L}\left(\dfrac{V_{CC}V_{om}}{\pi} - \dfrac{V_{om}^2}{4}\right) = 2.77\text{W}$

(4) 由 $P_{omax} = \dfrac{1}{2}\dfrac{V_{omax}^2}{R_L}$，得到 $V_{omax} = 19.6\text{V}$，则 $V_{CC} = V_{omax} + V_{CES} \approx 21.6\text{V}$

19. (1) $V_{CEmax} = V_{CC} + V_{EE} - V_{CES} - \dfrac{V_{CC} - V_{CES}}{R_L + R_6}R_6 = 27.2\ \text{V}$

(2) $I_{Cmax} = \dfrac{V_{CC} - V_{CES}}{R_L + R_6} = 1.53\ \text{A}$

(3) T_3 和 T_4 的总管耗：

$$P_T = P_V - P_o - P_R = \dfrac{2}{R_L}\left(\dfrac{V_{CC}V_{om}}{\pi} - \dfrac{V_{om}^2}{4}\right) - \dfrac{1}{2}\left(\dfrac{V_{om}}{R_L}\right)^2 R_6$$

令 $\dfrac{dP_T}{dV_{om}} = 0$，则当 $V_{om} = \dfrac{2V_{CC}}{\pi} \cdot \dfrac{R_L}{R_L + R_6}$ 时，P_T 最大，为

$$P_{Tmax} = \dfrac{2V_{CC}^2}{\pi^2(R_6 + R_L)} = 5.36\text{W}$$

T_3 和 T_4 每个管子的最大管耗 $P_{T1max} = \dfrac{1}{2}P_{Tmax} = 2.68\text{W}$

(4) $P_{CM} > 0.2P_{om} = 0.2 \times \dfrac{1}{2} \times \dfrac{V_{om}^2}{R_L} = 2.8\text{W}$

$V_{(BR)CEO} > 2V_{CC} = 30\text{V}$

$I_{CM} > I_{Cmax} = \dfrac{V_{CC}}{R_L} = 1.875\text{A}$

20. (1) 串联电压负反馈，R_f 跨接在输出 v_o 和运放同相输入端之间

(2) 由于 $v_o = \dfrac{R_f}{R_1}v_i$，所以 $R_f = \dfrac{v_o}{v_i}R_1 = 100\text{k}\Omega$

(3) $P_{omax} = \dfrac{1}{2} \times \dfrac{V_{omax}^2}{R_L} = 12.25\text{W}$

(4) $P_V = \dfrac{2V_{CC}V_{om}}{\pi R_L} = 16.71\text{W}$，$\eta = \dfrac{P_{omax}}{P_V} = 73.3\%$

21. (1) C　　(2) A　　(3) B　　(4) B　　(5) C

5　放大电路中的反馈

5.1　理论要点

5.1.1　反馈的基本概念

反馈就是将输出回路的电量(电压或电流)馈送到输入回路的过程。

反馈信号中只有交流成分时为交流反馈,反馈信号中只有直流成分时为直流反馈,既有交流成分又有直流成分时为交直流反馈。

负反馈是加入反馈后,净输入信号减小,输出幅度下降。

正反馈是加入反馈后,净输入信号增大,输出幅度增加。

负反馈的类型有四种:电压串联负反馈、电压并联负反馈、电流串联负反馈、电流并联负反馈。

5.1.2　反馈的判别

1. 判别是否存在反馈

判断一个放大电路中是否存在反馈,只要看该电路的输出回路与输入回路之间是否存在反馈网络,即反馈通路。若有反馈网络存在,则存在反馈,称这种状态为闭环。若没有反馈网络,则不存在反馈,这种状态称为开环。

2. 判别反馈极性

判断方法:瞬时极性法。

在放大电路的输入端,假设一个输入信号的电压极性,可用"＋""－"表示。按信号传输方向依次判断相关点的电压、电流瞬时极性,直至判断出反馈信号的瞬时极性。如果反馈信号的瞬时极性使净输入减小,则为负反馈;反之为正反馈。

3. 判别反馈的类型

1) 串联反馈与并联反馈判断

从放大电路输入端看,信号源与反馈电路在输入回路中并联。输入信号 $\dot{I}_i$,反馈信号 $\dot{I}_f$,以电流相叠加,是并联反馈。

从放大电路输入端看,信号源与反馈电路在输入回路中串联。输入信号 $\dot{V}_i$,反馈信号 $\dot{V}_f$,以电压相叠加,是串联反馈。

判断方法:"一点两点"法。

　　反馈信号与输入信号加在放大电路输入回路的同一个电极,是并联反馈;反之,加在放大电路输入回路的两个电极,是串联反馈。对于从集电极输出的放大电路来说,反馈信号与输入信号同时加在三极管的基极或发射极,是并联反馈;一个加在基极,另一个加在发射极,则为串联反馈。对于运算放大器来说,反馈信号与输入信号同时加在同相输入端或反相输入端,是并联反馈;一个加在同相输入端,另一个加在反相输入端,则是串联反馈。

　　2) 电压反馈与电流反馈的判断

　　反馈信号的大小与输出电压成比例,是电压反馈。

　　反馈信号的大小与输出电流成比例,是电流反馈。

　　判断方法:输出短接法。

　　将电路的输出端对地短接(输出电压为零),若反馈回来的反馈信号为零,是电压反馈;若反馈信号仍然存在,不为零,则是电流反馈。

5.1.3　负反馈放大电路的方框图及增益的一般表达式

　　1. 负反馈放大电路的方框图

　　负反馈放大电路的方框图由基本放大电路、反馈网络、变换网络组成,如图 5-1 所示。$\dot{X}$ 表示一般化信号量($\dot{V}$ 或 $\dot{I}$)。

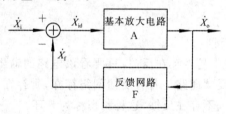

$\dot{X}_i$—反馈放大电路的输入信号;$\dot{X}_o$—反馈放大电路的输出信号;

$\dot{X}_{id}$—基本放大电路的输入信号(净输入信号);$\dot{X}_f$—反馈信号

图 5-1　反馈放大电路的组成框图

　　2. 负反馈放大电路增益的一般表达式

$$A_F = \frac{\dot{X}_o}{\dot{X}_i} = \frac{\dot{A}}{1+\dot{A}\dot{F}} \tag{5-1}$$

式中　$\dot{A}$——基本放大电路的增益;

　　　　$\dot{F}$——反馈网络的反馈系数。

　　负反馈电路有四种类型,对于不同的类型的电路,增益一般表达式的含义是不同的。

电压串联负反馈：$\dot{A}_F = \dot{A}_{VF} = \dfrac{\dot{V}_o}{\dot{V}_i} = \dfrac{\dot{A}_V}{1 + \dot{A}_V \dot{F}_V}$　电压增益

电流并联负反馈：$\dot{A}_F = \dot{A}_{IF} = \dfrac{\dot{I}_o}{\dot{I}_i} = \dfrac{\dot{A}_I}{1 + \dot{A}_I \dot{F}_I}$　电流增益

电流串联负反馈：$\dot{A}_F = \dot{A}_{GF} = \dfrac{\dot{I}_o}{\dot{V}_i} = \dfrac{\dot{A}_G}{1 + \dot{A}_G \dot{F}_R}$　互导增益

电压并联负反馈：$\dot{A}_F = \dot{A}_{RF} = \dfrac{\dot{V}_o}{\dot{I}_i} = \dfrac{\dot{A}_R}{1 + \dot{A}_R \dot{F}_G}$　互阻增益

式中　$\dot{A}_V = \dfrac{\dot{V}_o}{\dot{V}_{id}}$，$\dot{A}_I = \dfrac{\dot{I}_o}{\dot{I}_{id}}$，$\dot{A}_R = \dfrac{\dot{V}_o}{\dot{I}_{id}}$，$\dot{A}_G = \dfrac{\dot{I}_o}{\dot{V}_{id}}$，$\dot{F}_V = \dfrac{\dot{V}_f}{\dot{V}_o}$，$\dot{F}_I = \dfrac{\dot{I}_f}{\dot{I}_o}$，$\dot{F}_G = \dfrac{\dot{I}_f}{\dot{V}_o}$，$\dot{F}_R = \dfrac{\dot{V}_f}{\dot{I}_o}$。

3. 反馈深度

$1 + \dot{A}\dot{F}$ 称为反馈深度，反映了反馈对放大电路影响的程度。可分为下列三种情况：

(1) 当 $|1 + \dot{A}\dot{F}| > 1$ 时，$|\dot{A}_F| < |\dot{A}|$，相当于负反馈。

(2) 当 $|1 + \dot{A}\dot{F}| < 1$ 时，$|\dot{A}_F| > |\dot{A}|$，相当于正反馈。

(3) 当 $|1 + \dot{A}\dot{F}| = 0$ 时，$|\dot{A}_F| = \infty$，相当于输入为零时仍有输出，故称为自激状态。

5.1.4　负反馈对放大电路性能的影响

负反馈是改善放大电路性能的重要技术措施，广泛应用于放大电路和反馈控制系统之中。

1. 负反馈对增益的影响

根据负反馈的基本方程，不论是何种负反馈，都可使反馈放大倍数下降 $|1 + \dot{A}\dot{F}|$ 倍，不过，不同的反馈类型，$\dot{A}_F$，$\dot{A}$，$\dot{F}$ 的量纲不同。这里，增益应该与反馈类型相对应。

2. 负反馈对非线性失真的影响

负反馈可以改善放大电路的非线性失真，但是只能改善反馈环内产生的非线性失真。

3. 负反馈对噪声、干扰的影响

负反馈对反馈环内的噪声和干扰有抑制作用。

4. 负反馈对通频带的影响

引入负反馈，能展宽通频带。

5. 负反馈对输入电阻和输出电阻的影响

负反馈对输入电阻 R_{if} 的影响与反馈加入的方式有关，即与串联反馈或并联反馈

有关,而与电压反馈或电流反馈无关。串联负反馈使输入电阻增加,并联负反馈使输入电阻减小。$|1+\dot{A}\dot{F}|$ 愈大,R_{if} 变化愈大。

负反馈对输出电阻 R_{of} 的影响与反馈的取样对象有关,即与电压反馈或电流反馈有关,而与串联反馈或并联反馈无关。电压负反馈使输出电阻减小,电流负反馈使输出电阻增大。$|1+\dot{A}\dot{F}|$ 愈大,R_{of} 变化愈大。

5.1.5 负反馈放大电路在深度负反馈条件下的近似计算

1. 增益的近似表达式

当 $|1+\dot{A}\dot{F}|\gg 1$ 时:

$$A_F = \frac{\dot{A}}{1+AF} \approx \frac{1}{F} \tag{5-2}$$

2. 虚短概念的运用

当 $|1+\dot{A}\dot{F}|\gg 1$ 时:

$$\frac{\dot{X}_{id}}{\dot{X}_i} = \frac{1}{1+\dot{A}\dot{F}} \approx 0 ; \quad \frac{\dot{X}_f}{\dot{X}_i} = \frac{\dot{A}\dot{F}}{1+\dot{A}\dot{F}} \approx 1 \tag{5-3}$$

式中　$\dot{X}_{id}$——基本放大电路的净输入信号;

$\dot{X}_i$——放大电路输入信号;

$\dot{X}_f$——反馈信号。

深度负反馈条件下:净输入 $\dot{X}_{id} \approx 0$,$\dot{X}_f = \dot{X}_i$。

对于串联负反馈:

$$\dot{V}_{id} = 0 , \quad \dot{I}_i = \frac{\dot{V}_{id}}{R_i} = 0 , \quad \dot{V}_i = \dot{V}_f \tag{5-4}$$

对于并联负反馈:

$$\dot{I}_{id} = 0 , \quad \dot{V}_i = \dot{I}_{id}R_i = 0 , \quad \dot{I}_i = \dot{I}_f \tag{5-5}$$

形成深度负反馈的基本放大器输入端的"虚短""虚断"。即,基本放大器输入端:电压为零,电流为零,成为"虚假短路""虚假断路"。利用这一概念,可以比较方便地计算 $\dot{A}_{VF}$。计算方法如下:

(1) 先要弄清楚哪里是基本放大器输入端,即"虚短"发生在哪里?

(2) 判别反馈类型,弄清 $\dot{X}_i$ 和 $\dot{X}_f$ 是什么?

(3) 以 $\dot{X}_i = \dot{X}_f$ 为基础进行计算。

① 对于串联负反馈电路,反馈信号和输入信号以电压形式相叠加,所以是 $\dot{V}_i = \dot{V}_f$。电压串联负反馈电路,要找出输出电压与反馈电压的关系,例如,输出电压经过

分压得到反馈电压,或更简单的就是全部输出电压成为反馈电压。可列出反馈电压和输出电压的关系表达式。因反馈电压等于输入电压,由此可得输入电压和输出电压的关系表达式。

电流串联负反馈电路,要找出输出电流与反馈电压的关系,经常的情况是输出电流经过分流或全部流过一个电阻产生反馈电压。由此可列出反馈电压和输出电流的关系表达式。输出电流和输出电压的关系一般为

$$\dot{V}_o = \dot{I}_o R'_L \quad 或 \quad \dot{V}_o = -\dot{I}_o R'_L \qquad (5\text{-}6)$$

这里的负号是否出现由计算开始时定的正方向确定。

② 对于并联负反馈电路,反馈信号和输入信号以电流形式相叠加,所以是 $\dot{I}_i = \dot{I}_f$。

电压并联负反馈电路,要找出输出电压与反馈电流的关系,例如,输出电压经过分压或全部加在一个电阻上产生反馈电流。可列出反馈电流和输出电压的关系表达式。因反馈电流等于输入电流,由此可得输入电流和输出电压的关系表达式。

电流并联负反馈电路,要找出输出电流与反馈电流的关系,经常的情况是输出电流经过分流或全部得到反馈电流。由此可列出反馈电流和输出电流的关系表达式。因输入电流等于反馈电流,即可得出输入电流和输出电流的关系表达式。电路的输出电压与输出电流关系与前述串联负反馈电路情况相同。

由于负反馈电路的输入端已看成虚短,$\dot{V}_i = 0$,并联负反馈电路的电压增益,是信号源电压 $\dot{V}_s$ 与输出电压的关系,考虑到信号源电压与输入电流的关系是 $\dot{V}_s = \dot{I}_i R_s$,很容易求得信号源电压与输出电压的关系表达式。上面讲的方法可用下列图形表示:

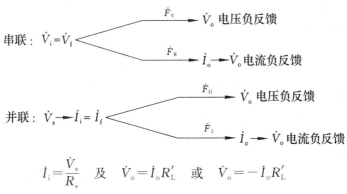

$$\dot{I}_i = \frac{\dot{V}_s}{R_s} \quad 及 \quad \dot{V}_o = \dot{I}_o R'_L \quad 或 \quad \dot{V}_o = -\dot{I}_o R'_L$$

注意:计算开始时所确定的电压、电流正方向。

5.2　基本要求

(1) 反馈的概念,反馈极性和反馈类型的判别方法是本章要掌握的重点,也是本

章的难点。

(2)掌握负反馈放大电路的方框图以及负反馈放大电路增益的一般表达式。

(3)本章的另一个难点是掌握在深度负反馈条件下,负反馈放大电路增益的估算方法。

(4)负反馈对放大电路性能的改善:恒定 A_F,减小非线性失真,抑制噪声,扩展频带,对输入电阻、输出电阻影响。

(5)为改善放大电路的某些方面性能,能正确地引入反馈。

5.3　典型例题

例 5-1　射极偏置电路如图 5-2 所示,试判别反馈的类型,并写出相应的增益表达式。

解　射极偏置电路是典型的电流串联负反馈电路。反馈由发射极电阻 R_e 引入,输出电流流过 R_e 产生反馈电压,净输入电压是三极管发射结电压 $\dot{V}_{be}$。

引入虚短概念,则

$$\dot{V}_{be} \approx 0, \quad \dot{V}_i \approx \dot{V}_f, \quad \dot{V}_f = -\dot{I}_o R_e \approx \dot{V}_i$$

反馈系数　　　$\dot{F}_R = \dfrac{\dot{V}_f}{\dot{I}_o} = -R_e$

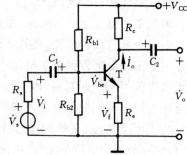

图 5-2　射极偏置电路

可以得到互导增益:

$$\dot{A}_{GF} = \frac{1}{\dot{F}_R} = -\frac{1}{R_e}$$

由电路中输出电压和输出电流的关系

$$\dot{V}_o = \dot{I}_o R_c$$

可以得到电压增益:

$$\dot{A}_{VF} = \dot{A}_{GF} R_c$$

例 5-2　共集电极电路如图 5-3 所示,试判别反馈的类型,并写出相应的增益表达式。

解　共集电极电路是电压串联负反馈电路。电路中将输出电压全部都作为反馈电压反馈到输入回路。

利用虚短的计算方法,从电路图可见

$$\dot{V}_f = \dot{V}_o, \quad \dot{V}_{be} \approx 0, \quad \dot{V}_i \approx \dot{V}_f$$

由此可得

$$\dot{F}_V = \frac{\dot{V}_f}{\dot{V}_o} = 1, \quad \dot{A}_{VF} = \frac{\dot{V}_o}{\dot{V}_i} = 1$$

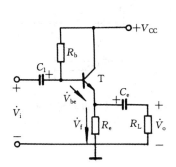
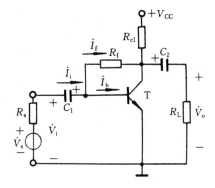

图 5-3 共集电极电路   图 5-4 集基偏置电路

例 5-3 集基偏置电路如图 5-4 所示,试判别反馈的类型,并写出相应的增益表达式。

解 集基偏置电路引入的是电压并联负反馈。

利用虚短的概念,净输入信号是三极管的基极电流 $\dot{I}_b$,则

$$\dot{I}_b \approx 0, \quad \dot{V}_i \approx 0, \quad \dot{I}_i = \dot{I}_f$$

从电路图中的电压、电流关系,可得

$$\dot{I}_f = \frac{-\dot{V}_o}{R_f}$$

反馈系数

$$\dot{F}_G = \frac{\dot{I}_f}{\dot{V}_o} = -\frac{1}{R_f}$$

互阻增益

$$\dot{A}_{RF} = \frac{1}{\dot{F}_G} = -R_f$$

电压增益

$$\dot{A}_{VF} = \frac{\dot{V}_o}{\dot{V}_s} = \frac{-\dot{I}_f R_f}{\dot{I}_i R_s} = -\frac{R_f}{R_s}$$

根据反馈电路的类型可推知,此电路引入并联负反馈,使输入电阻减小,引入电压负反馈使输出电阻减小。

例 5-4 由运算放大器构成的电流并联负反馈放大电路如图 5-5 所示,试写出增益表达式。

解 引入虚短概念,则

$$\dot{V}_i = 0, \quad \dot{I}_i = \dot{I}_f$$

输出电流在 R_f 和 R 上分流,得反馈电流:

$$\dot{I}_f = \dot{I}_o \frac{R}{R_f + R}$$

反馈系数 $\quad \dot{F}_I = \frac{\dot{I}_f}{\dot{I}_o} = \frac{R}{R_f + R}$

电流增益 $\quad \dot{A}_{IF} = \frac{1}{\dot{F}_I} = \frac{R_f + R}{R}$

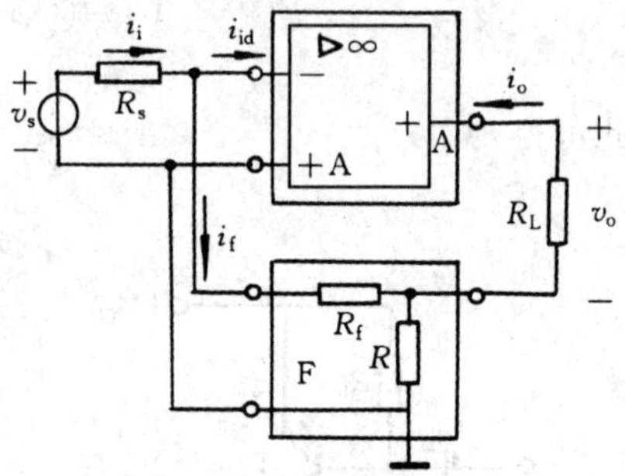

从电路图中可得输出电压与输出电流关系为

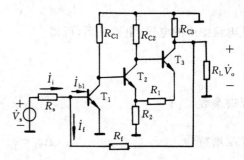

图 5-5　电流并联负反馈放大电路

$$\dot{V}_o = -\dot{I}_o R_L$$

信号源电压与输入电流关系为

$$\dot{I}_i = \frac{\dot{V}_s}{R_s}$$

由此可计算电压增益

$$\dot{A}_{VF} = \frac{\dot{V}_o}{\dot{V}_s} = \frac{-\dot{I}_o R_L}{\dot{I}_i R_s} = \frac{-\dot{I}_o R_L}{\dot{I}_f R_s} = -\frac{R_L}{\dot{F}_I R_s} = -\frac{(R_f + R)}{R} \frac{R_L}{R_s}$$

　　根据反馈电路的类型可推知,此电路引入并联负反馈使输入电阻减小,引入电流负反馈使输出电阻增大。

　　例 5-5　BJT 三极管组成的三级放大电路如图 5-6 所示,试判别反馈的类型,并写出相应的增益表达式。

　　解　图 5-6 电路已画成交流通路。R_f 引入电压并联负反馈,T_1 的基极与发射极之间形成虚短,因此

$$\dot{V}_i = 0, \quad \dot{I}_i = \dot{I}_f$$

从电路图的电压电流关系可得反馈系数及互阻增益:

图 5-6　BJT 三级放大电路

$$\dot{F}_G = \frac{\dot{I}_f}{\dot{V}_o} = -\frac{1}{R_f}, \quad \dot{A}_{RF} = \frac{1}{\dot{F}_G} = -R_f$$

根据信号源电压与输入电流关系,即可列出电压增益:

$$\dot{A}_{VF} = \frac{\dot{V}_o}{\dot{V}_s} = \frac{-\dot{I}_f R_f}{\dot{I}_i R_s} = -\frac{R_f}{R_s}$$

　　根据反馈类型,可知引入反馈以后,输入电阻减小,输出电阻减小。还可注意到

此题的解答与例 5-3 相同。比较这两个例子的电路,可以看到引入反馈的电路结构实质上是相同的。

例 6-6 BJT 三极管组成的三级放大电路如图 5-7 所示,试判别反馈的类型,并写出相应的增益表达式。

解 R_F 和 R_{E1} 引入电流串联负反馈。因为是串联负反馈,所以输入回路中输入电压与反馈电压相等。图中输出电流在 R_F 和 R_{E1} 串联后与 R_{E3} 并联的电路中分流后,流过 R_{E1},得到反馈电压,由此可得

$$\dot{V}_i = \dot{V}_f = -\dot{I}_o \frac{R_{E3}}{R_F + R_{E1} + R_{E3}} R_{E1}$$

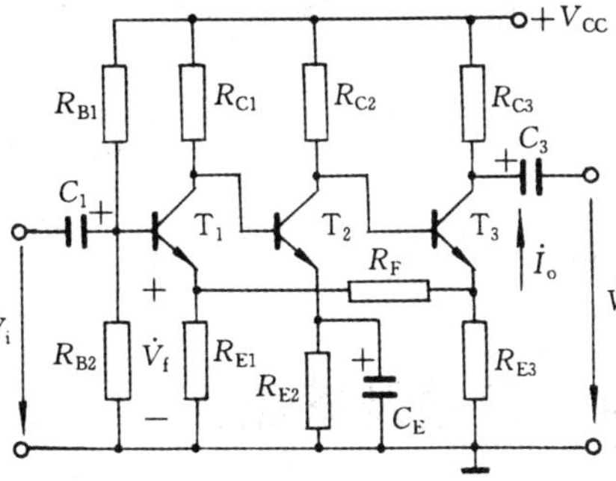

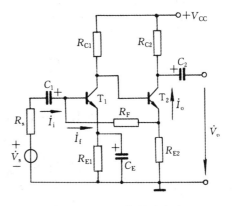

图 5-7 BJT 三级放大电路

反馈系数
$$\dot{F}_R = \frac{\dot{V}_f}{\dot{I}_o} = -\frac{R_{E3} R_{E1}}{R_F + R_{E1} + R_{E3}}$$

互导增益
$$\dot{A}_{GF} = \frac{1}{\dot{F}_R} = -\frac{R_F + R_{E1} + R_{E3}}{R_{E3} R_{E1}}$$

代入输出电压与输出电流的关系:

$$\dot{V}_i = -\frac{\dot{V}_o}{R_{C3}} \cdot \frac{R_{E3} R_{E1}}{R_F + R_{E1} + R_{E3}}$$

电压增益
$$\dot{A}_{VF} = \frac{\dot{V}_o}{\dot{V}_i} = -\frac{R_{C3}(R_F + R_{E1} + R_{E3})}{R_{E3} R_{E1}}$$

例 5-7 BJT 三极管组成的二级放大电路如图 5-8 所示,试判别反馈的类型,并写出相应的增益表达式。

解 R_F 引入电流并联负反馈。因为是并联负反馈,所以输入回路中输入电流与反馈电流相等:

$$\dot{I}_i = \dot{I}_f$$

反馈电流是输出电流在 R_F 和 R_{E2} 并联电路中分流得到的,并代入输出电压与输出电流关系:

图 5-8 BJT 二级放大电路

$$\dot{I}_{\mathrm{f}}=\dot{I}_{\mathrm{o}}\,\frac{R_{\mathrm{E2}}}{R_{\mathrm{E2}}+R_{\mathrm{F}}}=\frac{\dot{V}_{\mathrm{o}}}{R_{\mathrm{C2}}}\,\frac{R_{\mathrm{E2}}}{R_{\mathrm{E2}}+R_{\mathrm{F}}}$$

考虑到信号源电压与输入电流的关系：

$$\dot{I}_{\mathrm{i}}=\frac{\dot{V}_{\mathrm{s}}}{R_{\mathrm{s}}},\qquad \frac{\dot{V}_{\mathrm{s}}}{R_{\mathrm{s}}}=\frac{\dot{V}_{\mathrm{o}}}{R_{\mathrm{C2}}}\,\frac{R_{\mathrm{E2}}}{R_{\mathrm{E2}}+R_{\mathrm{F}}}$$

电压增益
$$\dot{A}_{\mathrm{VF}}=\frac{\dot{V}_{\mathrm{o}}}{\dot{V}_{\mathrm{s}}}=\frac{R_{\mathrm{C2}}(R_{\mathrm{E2}}+R_{\mathrm{F}})}{R_{\mathrm{s}}R_{\mathrm{E2}}}$$

5.4　习题及答案

习　题

1. 负反馈对放大电路的性能产生了怎样的影响？

2. 为什么说深度负反馈条件下,基本放大电路具有虚短、虚断的特点？

3. 某放大电路开环增益的相对稳定度为±10％,若要求闭环后增益的相对稳定度为±0.1％,而且闭环增益 $A_{\mathrm{f}}=50$。试问,该放大电路的开环增益 A 以及反馈系数 F 应为多大？

4. 某电压串联负反馈放大电路的开环增益 $A_{\mathrm{V}}=2000$,反馈系数 $F_{\mathrm{V}}=0.05$。若输出电压 $V_{\mathrm{o}}=2\mathrm{V}$,求输入电压 V_{i}、反馈电压 V_{f} 及净输入电压 V_{id} 的值。

5. 要得到一个由电压控制的电流源,应选＿＿＿＿＿＿反馈放大电路;要得到一个由电流控制的电压源,应选＿＿＿＿＿＿反馈放大电路。

6. 如信号源内阻很大,对于电压放大电路,为提高反馈效果,输入端以采用＿＿＿＿＿＿负反馈为宜;如信号源内阻很小,对于电流放大电路,为提高反馈效果,输入端以采用＿＿＿＿＿＿负反馈为宜。

7. 题图 5-7 所示为两级放大电路,设电容器对交流信号均可视为短路。试判别其中的级间交流反馈的极性和类型;若是负反馈电路,并写出相应的增益表达式。

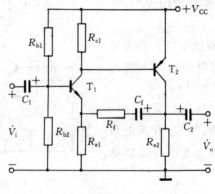

题图 5-7

8. 假设题图 5-8 所示各电路都设置有合适的静态工作点(图中未画全)。

(1) 说明各电路极间反馈的极性和类型。

(2) 对于其中的负反馈电路,写出在深度负反馈条件下的电压增益:

$$A_{VF} = \frac{\dot{V}_o}{\dot{V}_i};$$

(3) 说明反馈对各电路的输入电阻和输出电阻的影响。

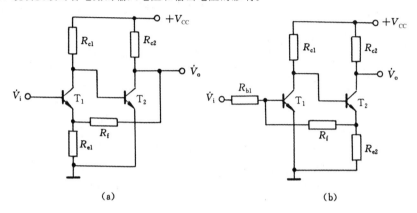

题图 5-8

9. 判别题图 5-9 所示电路的反馈类型,在深度负反馈条件下计算电压增益;说明此反馈对输入和输出电阻的影响。

10. 判别题图 5-10 所示电路的反馈类型,在深度负反馈条件下计算电压增益;说明此反馈对输入和输出电阻的影响。

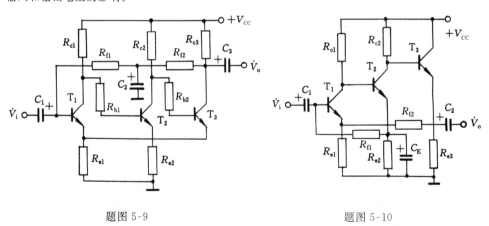

题图 5-9　　　　　　　　　　　　　　题图 5-10

11. 判别题图 5-11 所示电路的反馈类型,在深度负反馈条件下计算电压增益;说明此反馈对输入和输出电阻的影响。

12. 判别题图 5-12 所示电路的反馈类型,在深度负反馈条件下计算电压增益 $\dot{A}_{VF}$;说明此反馈对输入和输出电阻的影响。

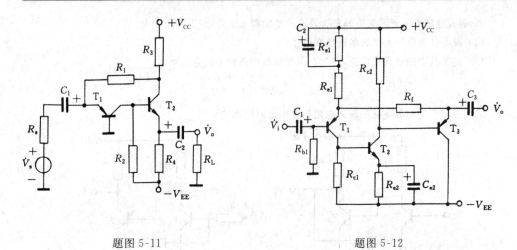

题图 5-11　　　　　　　　　　　　　　　　题图 5-12

13. 判别题图 5-13 所示电路的反馈类型,在深度负反馈条件下计算电压增益 $\dot{A}_{\mathrm{VF}}$;说明此反馈对输入和输出电阻的影响。

14. 由运放 A 和三极管 T 组成的电路如题图 5-14 所示,试正确连接信号源和电阻 R_{f} 构成四种类型的负反馈电路。

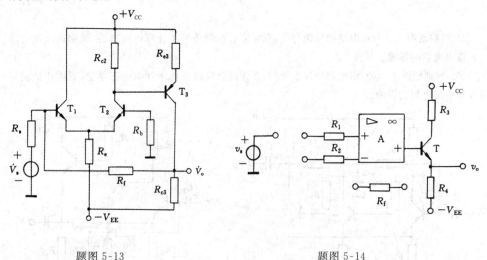

题图 5-13　　　　　　　　　　　　　　　　题图 5-14

15. 由集成运放 A_1,A_2 和晶体管 T_1,T_2 组成的反馈放大电路如题图 5-15 所示。试指出电路有哪些反馈通路,各由哪些元器件组成? 是正反馈还是负反馈? 是直流反馈还是交流反馈? 若有交流反馈,属何种反馈组态?

16. 由理想集成运放 A 组成交流反馈放大电路如题图 5-16 所示,设电容 C_1,C_2 对交流信号均可视为短路。在分析该电路的输入电阻 R_{if} 时,有以下四种答案:

(1) $R_{\mathrm{if}}=R_2$; 　(2) $R_{\mathrm{if}}=R_1+R_2$; 　(3) $R_{\mathrm{if}}=\infty$; 　(4) $R_{\mathrm{if}}=R_2+R_1/\!/R_3$。

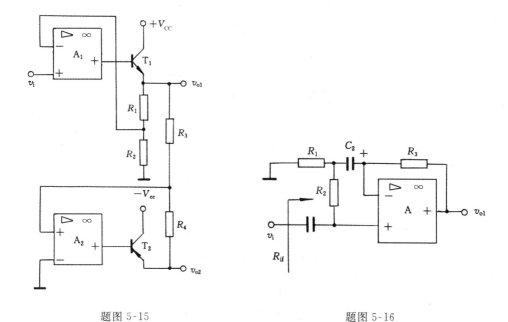

题图 5-15　　　　　　　　　　　题图 5-16

试问哪种答案是正确的？为什么？

17. 指出在题图 5-17 所示电路中,有哪些直流负反馈,有哪些交流负反馈? 如有交流负反馈,它们各属何种反馈组态? 对输入电阻、输出电阻有什么影响?

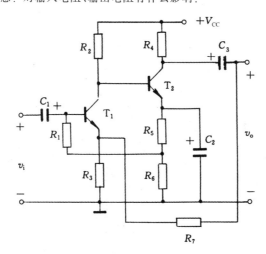

题图 5-17

18. 反馈放大电路如题图 5-18 所示,问图中电位器的活动端处于最上端和最下端时,电路的反馈类型是否发生变化?

19. 对题图 5-19 所示两级反馈放大电路,电容器对交流信号可视为短路。试判别级间交流反

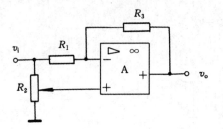

题图 5-18

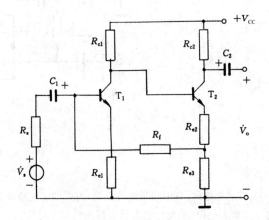

题图 5-19

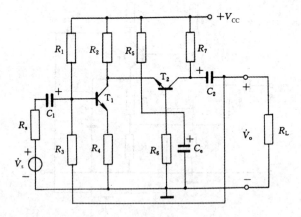

题图 5-20

馈的极性和类型,并写出增益表达式。

20. 题图 5-20 所示反馈电路中,电容器对交流信号看成短路。试判别该电路中级间交流反馈的极性和类型,并写出相应的增益表达式和电压增益表达式。

21. 由集成运放组成的同相放大电路中,集成运放的开环电压增益 $A_{V0}=10^4$,$R_f=51\text{k}\Omega$,$R_1=5.1\text{k}\Omega$,求反馈系数 F_V 和闭环电压增益 A_{VF}。

22. 判别题图 5-22 所示电路的反馈类型,在深度负反馈条件下计算电压增益 $\dot{A}_{VF}$。

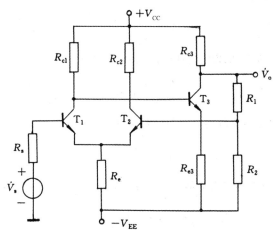

题图 5-22

答 案

1. 负反馈降低了放大电路的增益,以此为代价,负反馈提高了增益的稳定性,改善放大电路的非线性失真,对反馈环内的噪声和干扰有抑制作用,能展宽通频带,改善输入电阻和输出电阻。

2. 因为深度负反馈条件下净输入量为零,即基本放大电路的输入端:电压为零,电流为零。成为"虚假短路""虚假断路"。

3. $A=5000$,$F=0.0198$

4. $V_i=0.101\text{V}$,$V_f=0.001\text{V}$,$V_{id}=0.1\text{V}$。

5. 串联,并联

6. 并联负反馈,串联负反馈

7. R_f 与 C_f 引入电压串联负反馈

$$A_{VF}=\frac{R_f+R_{e1}}{R_{e1}}$$

8. (1) (a)R_f 与 R_{e1} 引入电压串联负反馈;(b) R_f 引入电流并联负反馈

(2) (a) $\dot{A}_{VF}=\frac{R_f+R_{e1}}{R_{e1}}$;

(b) $\dot{I}_f=\dot{I}_o\dfrac{R_{e2}}{R_f+R_{e2}}$,$\dot{A}_{IF}=\dfrac{R_f+R_{e2}}{R_{e2}}$,$\dot{A}_{VF}=\dfrac{(R_f+R_{e2})R_{C2}}{R_{e2}R_S}$

(3) 略

9. R_{e1} 引入电流串联负反馈,输入电阻增大,输出电阻增大。

$$\dot{V}_i = \dot{V}_f = -\dot{I}_o R_{e1}, \quad \dot{A}_{GF} = \frac{\dot{I}_o}{\dot{V}_i} = -\frac{1}{R_{e1}}, \quad \dot{A}_{VF} = \frac{\dot{V}_o}{\dot{V}_i} = -\frac{R_{c3} /\!/ R_{f2}}{R_{e1}}$$

10. R_{f2} 与 R_{e1} 引入电压串联负反馈,输入电阻增大,输出电阻减小。

$$\dot{A}_{VF} = \frac{R_{f2} + R_{e1}}{R_{e1}}$$

11. R_1,R_3 引入电流并联负反馈,输入电阻减小,输出电阻增大。

$$\dot{I}_f = \dot{I}_o \frac{R_3}{R_1 + R_3}, \quad \dot{A}_{IF} = \frac{R_1 + R_3}{R_3}, \quad \dot{A}_{VF} = \frac{(R_1 + R_3)(R_4 /\!/ R_L)}{R_3 R_S}$$

12. R_f 与 R_{e1} 引入电压串联负反馈,输入电阻增大,输出电阻减小。

$$\dot{A}_{VF} = \frac{R_f + R_{e1}}{R_{e1}}$$

13. R_f 引入电压并联负反馈,输入电阻减小,输出电阻减小。

$$\dot{I}_f = -\frac{\dot{V}_o}{R_f}, \quad \dot{A}_{RF} = -R_f, \quad \dot{A}_{VF} = -\frac{R_f}{R_S}$$

14. 四种反馈的连接方法如答图 5-14 所示。

15. R_1 和 R_2 对 A_1 引入电压串联负反馈,R_3 和 R_4 对 A_2 引入电压并联负反馈,均为交直流反馈。

16. 是(3),$R_{if} = \infty$,解释略

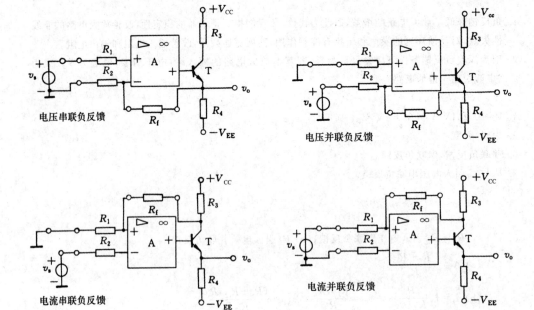

答图 5-14

17. R_1 引入直流负反馈;R_7 和 R_3 引入电压串联负反馈,使输入电阻增大,输出电阻减小。

18. 电位器的活动端处于最上端时是电压串联负反馈;电位器的活动端处于最下端时是电压并联负反馈。

19. R_f 引入电流并联负反馈

$$\dot{I}_f = \dot{I}_o \frac{R_{e3}}{R_f + R_{e3}}, \quad \dot{A}_{IF} = \frac{R_f + R_{e3}}{R_{e3}}, \quad \dot{A}_{VF} = \frac{(R_f + R_{e3})R_{C2}}{R_{e3}R_S}$$

20. R_3 引入电压并联负反馈

$$\dot{I}_f = -\frac{\dot{V}_o}{R_3}, \quad \dot{A}_{RF} = -R_3, \quad \dot{A}_{VF} = -\frac{R_3}{R_S}$$

21. $F_V = 0.091, A_{VF} = 10.988$

22. R_1 与 R_2 引入电压串联负反馈

$$\dot{A}_{VF} = \frac{R_1 + R_2}{R_2}$$

6 集成运放的线性应用

6.1 理论要点

集成运放的线性应用有信号的运算和处理电路。信号运算电路包括比例、加法、减法、微分、积分、对数、反对数、乘法、除法运算电路等。信号处理电路包括有源滤波、精密二极管整流、电压比较器和采样保持电路等。

6.1.1 集成运放在信号运算方面的应用

1. 集成运放工作在线性区的条件

集成运放的传输特性曲线如图 6-1 所示。由于集成运放的开环电压放大倍数很高,即使输入毫伏级以下的信号,也足以使集成运放的工作点进入非线性区。集成运放工作在线性区的必要条件是:引入负反馈。

引入负反馈后,电路增益与运放本身的参数无关,而取决于反馈电路。不同的反馈电路,不同的输入方式,就构成了各种信号的运算和处理电路。

2. 集成运放工作在线性区的两个重要特点

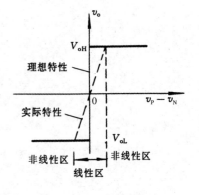

图 6-1 集成运放的传输特性

虚短:由于集成运放的开环电压放大倍数 $A_{Vo} \to \infty$,在线性区输出与输入之间满足 $v_o = A_{Vo}(v_P - v_N)$(v_P,v_N 分别为集成运放同相输入端、反相输入端的电位),而输出 v_o 是有限的,所以 $v_P - v_N \approx 0$,即:$v_P \approx v_N$,两输入端之间接近于短路而又不是真正的短路——"虚短路"。

注意:只有在集成运放工作在线性区(加上负反馈)时,输入端才会有虚短路的特点。

虚断:由于集成运放的差模输入电阻 $r_{id} \to \infty$,故可认为两个输入端的电流为零:$i_P \approx 0$,$i_N \approx 0$,两输入端与集成运放之间接近于断路而又不是真正的断路——"虚断路"。

3. 运算电路的分析方法

虚短和虚断是分析运算电路的重要依据,要抓住运放输入端虚短和虚断的特点,求出输出和输入的关系(图 6-2)。一般分析步骤如下:

　　（1）首先判断集成运放是否有负反馈。只有引入负反馈后，集成运放才工作在线性区，才同时具有虚短和虚断的特点。

　　（2）求出同相输入端的电位 v_P：

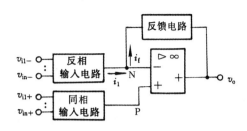

$$v_P = f_1(v_{i1+}, \cdots, v_{in+}) \qquad (6-1)$$

利用虚短的特点：

图 6-2　运算电路的分析方法

$$v_N = v_P \qquad (6-2)$$

利用虚断的特点：

$$i_1 = i_f \qquad (6-3)$$

写出 i_1 与 i_f 的表达式：

$$i_1 = f_2(v_{i1-}, \cdots, v_{in-}, v_N) \qquad (6-4)$$

$$i_f = f_3(v_N, v_o) \qquad (6-5)$$

　　联立式(6-1)—式(6-5)，可得到输出与输入之间的关系表达式。

　　（3）在多级运算电路中，由于集成运放一般带有深度电压负反馈，故其输出电阻接近于零，所以可不考虑后级对前级的影响。可分别列出每一级输出与输入的关系，通过联立求解，得出整个电路的运算关系。

　　4．运算电路中集成运放的三种输入方式

　　运算电路中集成运放有反相输入、同相输入、差动输入三种输入方式，如图 6-3 所示。

　　反相输入运算电路中引入的是并联电压负反馈，电路的输入电阻小，输出与输入的关系为

$$v_o = -\frac{R_f}{R_1} v_i$$

同相输入运算电路中引入的是串联电压负反馈，电路的输入电阻大，输出与输入

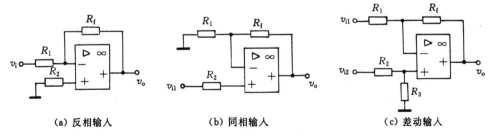

　　　（a）反相输入　　　　　　　　　（b）同相输入　　　　　　　　　（c）差动输入

图 6-3　运算电路中集成运放的三种输入方式

的关系为

$$v_o = \left(1 + \frac{R_f}{R_1}\right) v_i$$

在 $R_1 = \infty$(断开)或 $R_f = 0$ 的情况下,$v_o = v_i$,成为电压跟随器。

差动输入运算电路中同时存在并联、串联电压负反馈,电路的输入电阻小,而且要求 $R_1 \sim R_3$ 和 R_f 精密匹配,输出与输入的关系为

$$v_o = -\frac{R_f}{R_1} v_{i1} + \left(1 + \frac{R_f}{R_1}\right)\frac{R_3}{R_2 + R_3} v_{i2}$$

比例、加减、积分和微分运算都有反相输入和同相输入方式。

5. 运算电路中输入电路和反馈电路的对偶关系

把一种运算电路接在集成运放的反馈回路中,运放的输入回路接电阻,则可形成另一种运算电路,后者的运算关系恰好是前一种电路的逆运算。运算电路中输入电路和反馈电路的这种对偶关系如表 6-1 所示。

表 6-1   **运算电路中输入电路和反馈电路的对偶关系**

运 算 电 路	输 入 回 路	反 馈 回 路
比例、加减	电阻元件	电阻元件
积分	电阻元件	电容元件
微分	电容元件	电阻元件
对数	电阻元件	二极管或三极管
指数	二极管或三极管	电阻元件
除法	电阻元件	模拟乘法器
开方	电阻元件	乘方

6. 模拟乘法器

目前广泛应用的模拟乘法器是变跨导型四象限乘法器,其符号及运算关系如图 6-4 所示。

7. 基本运算电路的应用

比例电路可用于实现电量之间精确的比例变换,如电压-电流变换、电流-电压变换、电流-电流变换、电压-电压变换。

加减法电路可用在测量和自动控制系统中,对多个信号按不同比例综合,以改善系统性能。

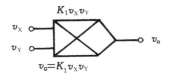

图 6-4　模拟乘法器符号

　　积分电路(积分器)是电子模拟计算机的关键部件。这种电路可用于示波器和波形变换电路。把积分电路的输出电压作为电子开关或类似装置的输入控制电压,则积分电路可起延时作用。积分电路用在模-数转换装置中,把电压转换成与之成比例的时间量。

　　微分电路可用作微分器,或用于波形变换电路。

　　模拟乘法器和集成运放结合,再加上不同的外接电路,可组成求平方、平方根、高次方和高次方根的运算电路。利用平方、平方根运算电路和低通滤波电路,可以组成求电压有效值的运算电路,用于测量任意波形的周期性电压(包括噪声电压)的有效值。乘法器还可组成各种函数发生器,也可用作增益可控的放大器和电功率测量器。

6.1.2　集成运放在信号处理方面的应用

　　1. 有源滤波电路及其特点

　　模拟电子技术中介绍的有源滤波电路由工作在线性区的集成运放(有源器件)和无源 RC 网络组成。还有一类无源滤波电路,仅由无源元件(R,C 和 L)组成。无源滤波电路既可以用于信息电子电路,也可以用于电力电子电路。

　　与无源滤波电路相比,有源滤波电路的优点如下:

　　(1) 由于不使用电感元件,所以体积小,重量轻,不需要磁屏蔽。

　　(2) 集成运放可引入电压串联负反馈,使运放的输入阻抗更高,输出阻抗更低。这样,将几个低阶滤波电路串接,就可组成高阶滤波电路,而不必考虑前后级间的相互影响。二阶滤波电路可由两个一阶滤波电路串接组成,如图 6-5 所示。

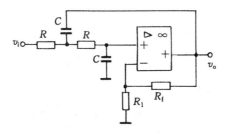

图 6-5　压控电压源型二阶有源低通滤波电路

　　(3) 除了滤波,还可放大信号,增益容易调节。

　　有源滤波电路的缺点如下:

（1）通用型集成运放的通频带较窄，因此有源滤波电路一般使用在几十千赫以下。

（2）必须有直流电源才能工作。

（3）可靠性较差。

（4）不宜使用于高压或大电流情况。

2. 滤波电路的分类

滤波电路按通过信号的频段不同分为低通滤波电路、高通滤波电路、带通滤波电路、带阻滤波电路，如表 6-2 所示。

表 6-2　　　　　　　　　　　　四种滤波电路

	低通滤波电路	高通滤波电路	带通滤波电路	带阻滤波电路
电路组成	无源 RC 低通滤波电路后加一级同相比例放大电路	无源 RC 高通滤波电路后加一级同相比例放大电路	由无源 RC 低通滤波电路和无源 RC 高通滤波电路串联后加一级同相比例放大电路	由双 T 电路即低通和高通无源 RC 滤波电路并联后加一级同相比例放大电路
理想幅频响应				
二阶有源滤波电路传递函数的一般形式	$\dfrac{A_0\omega_n^2}{s^2+\dfrac{\omega_n}{Q}s+\omega_n^2}$	$\dfrac{A_0 s^2}{s^2+\dfrac{\omega_n}{Q}s+\omega_n^2}$	$\dfrac{A_0\dfrac{1}{Q}\dfrac{s}{\omega_n}}{\left(\dfrac{s}{\omega_n}\right)^2+\dfrac{1}{Q}\dfrac{s}{\omega_n}+1}$	$\dfrac{A_0(s^2+\omega_n^2)}{s^2+\dfrac{\omega_n}{Q}s+\omega_n^2}$

注：A_0——通带电压增益；

ω_H——高边截止角频率；

ω_L——低边截止角频率；

s——复频率；

ω_n——特征角频率，也是带通（带阻）滤波电路的中心角频率，是其通带（阻带）内增益最大（最小）点的频率：$\omega_n=1/(RC)$；

Q——等效品质因数：

高通和低通滤波电路中：$Q=\left|\dfrac{\dot{A}_V\mid_{f=f_n}}{A_0}\right|$；

带通和带阻滤波电路中：$Q=\dfrac{\omega_n}{BW}$ [BW 是通带（阻带）宽度]。

3. 有源滤波电路的两种信号输入方式

（1）待处理的信号由运放同相端输入，如图 6-5 所示，按这种形式组成的二阶有源滤波电路称为压控电压源型电路。

（2）待处理的信号由运放反相端输入，如图 6-6 所示，按这种形式组成的二阶有源滤波电路称为无限增益多路反馈型电路。

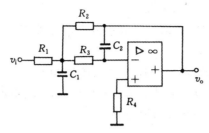

图 6-6　无限增益多路反馈型二阶有源低通滤波电路

4. 有源滤波电路的分析方法

（1）在比较简单的情况下，可以通过无源电路的组成判断滤波电路的功能。在图 6-7 中分别表示了无源低通、高通、带通和带阻电路。

（2）在比较复杂的情况下，可以先应用电路分析中的方法（如节点电位法）写出电路的传递函数，并把它与表 6-2 中"二阶有源滤波电路传递函数的一般形式"比较。

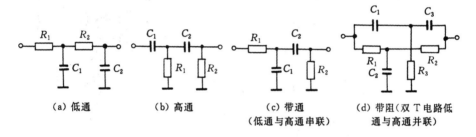

| （a）低通 | （b）高通 | （c）带通
（低通与高通串联） | （d）带阻（双 T 电路低
通与高通并联） |

图 6-7　四种无源滤波电路

（3）在求出电路的频率特性表达式后，令 $\omega=0$ 和 $\omega=\infty$，分别观察在这两种极限情况下电路的输出情况。

6.2　基本要求

（1）本章的重点是集成运放组成的各种电路的分析计算，难点是有源滤波电路的特性分析。

（2）正确理解集成运放在线性应用中必须加上负反馈。有时为了改善性能，运放兼有负反馈和正反馈，但仍以负反馈为主。

熟练掌握集成运放组成的基本运算电路的分析方法，特别是"虚短-虚断分析法"。

熟练掌握比例、加减、积分、微分电路，一般了解对数、指数电路和模拟乘法电路的工作原理。

了解基本运算电路的应用情况。

（3）正确理解有源滤波电路是集成运放在信号处理方面的一种线性应用,熟练掌握有源滤波电路的分析方法。

理解两种二阶低通滤波电路(压控电压源型和无限增益多路反馈型)的工作原理、滤波特性以及改善特性的方法。通过对偶的方法掌握高通电路,通过低通和高通电路的串联和并联,掌握带通和带阻电路。

6.3　典型例题

例 6-1　电路如图 6-8 所示,试求开关 S 打开和闭合两种情况下 v_o 与 v_i 的关系式。

解　（1）开关 S 打开

由虚短、虚断的概念及克希荷夫电流定律,有

$$v_N = v_P = v_i$$

$$i_f = i_1 + i_2$$

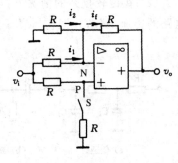

其中　$i_1 = \dfrac{v_i - v_N}{R} = 0$,　$i_2 = \dfrac{0 - v_N}{R} = -\dfrac{v_i}{R}$

$$i_f = \frac{v_N - v_o}{R} = \frac{v_i - v_o}{R},$$

图 6-8　例 6-1 的电路

则

$$\frac{v_i - v_o}{R} = -\frac{v_i}{R}$$

得到

$$v_o = 2v_i$$

（2）开关 S 闭合

由虚短、虚断的概念及克希荷夫电流定律,有

$$v_N = v_P = \frac{1}{2}v_i$$

$$i_f = i_1 + i_2$$

其中　$i_1 = \dfrac{v_i - v_N}{R} = \dfrac{v_i}{2R}$,　　$i_2 = \dfrac{0 - v_N}{R} = -\dfrac{v_i}{2R}$

$$i_f = \frac{v_N - v_o}{R} = \frac{\frac{1}{2}v_i - v_o}{R} = \frac{v_i - 2v_o}{2R},$$

则
$$\frac{v_i - 2v_o}{2R} = \frac{v_i}{2R} - \frac{v_o}{R} = 0$$

得到
$$v_o = \frac{1}{2} v_i$$

例 6-2 试设计一电路,完成 $v_o = 4.5v_{i1} + 0.5v_{i2}$ 的运算。设 $R_{i1} = 1k\Omega$。

解 可用同相加法器或反相加法器和反相比例运算电路来完成。

(1) 采用同相加法器,如图 6-9(a)所示。

P 点电位为

$$v_P = (v_{i1} - v_{i2}) \frac{R_{i2}}{R_{i1} + R_{i2}} + v_{i2} = \frac{R_{i2}}{R_{i1} + R_{i2}} v_{i1} + \frac{R_{i1}}{R_{i1} + R_{i2}} v_{i2}$$

输出为

$$v_o = \left(1 + \frac{R_f}{R_1}\right) v_P = \left(1 + \frac{R_f}{R_1}\right) \frac{R_{i2}}{R_{i1} + R_{i2}} v_{i1} + \left(1 + \frac{R_f}{R_1}\right) \frac{R_{i1}}{R_{i1} + R_{i2}} v_{i2}$$

根据题目要求

$$\left(1 + \frac{R_f}{R_1}\right) \frac{R_{i2}}{R_{i1} + R_{i2}} = 4.5 \tag{6-6}$$

$$\left(1 + \frac{R_f}{R_1}\right) \frac{R_{i1}}{R_{i1} + R_{i2}} = 0.5 \tag{6-7}$$

比较式(6-6)与式(6-7),得到

$$R_{i2} = 9 \ R_{i1} = 9k\Omega$$

代入式(6-6),有

$$\left(1 + \frac{R_f}{R_1}\right) \frac{9}{1+9} = 4.5$$

得到
$$R_f = 4R_1$$

要求同相输入端和反相输入端的电阻平衡,则

$$R_f /\!/ R_1 = R_{i1} /\!/ R_{i2} = 0.9k\Omega$$

可解出
$$R_1 = 1.125k\Omega$$

$$R_f = 4.5k\Omega$$

(2) 采用反相加法器和反相比例运算电路,如图 6-9(b)所示。

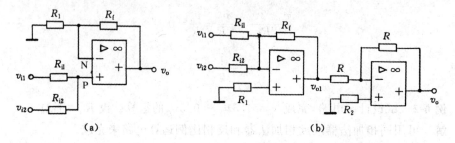

图 6-9　例 7-2 的电路

$$v_o = -\frac{R}{R}v_{o1} = -\frac{R}{R}\left(-\frac{R_f}{R_{i1}}v_{i1} - \frac{R_f}{R_{i2}}v_{i2}\right) = \frac{R_f}{R_{i1}}v_{i1} + \frac{R_f}{R_{i2}}v_{i2}$$

根据题目要求

$$\frac{R_f}{R_{i1}} = 4.5, \quad \frac{R_f}{R_{i2}} = 0.5$$

比较上述两式,得到

$$R_{i2} = 9R_{i1} = 9\text{k}\Omega, \quad R_f = 4.5\text{k}\Omega$$

平衡电阻　　　　　　　　　$R_1 = R_{i1} /\!/ R_{i2} /\!/ R_f = 7.5\text{k}\Omega$

取 $R = 5\text{k}\Omega$,则

$$R_2 = \frac{R}{2} = 2.5\text{k}\Omega$$

例 6-3　电路如图 6-10 所示,设 $t=0$ 时,$v_i = 1\text{V}$,$v_c(0) = 0$,求 $t = 10\text{s}$ 后,输出电压 v_o。

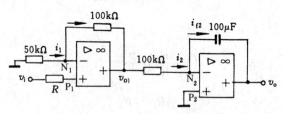

图 6-10　例 6-3 的电路

解　第一级为同相比例运算电路,其输出为

$$v_{o1} = \left(1 + \frac{100}{50}\right)v_i = 3v_i = 3\text{V}$$

第二级为反相积分电路,其输出为

$$v_o = v_c(0) - \frac{1}{100\text{k}\Omega \times 100\mu\text{F}} \int_0^t v_{o1} \mathrm{d}t = -3t \times 10^{-1}\text{V}$$

$$t = 10\text{s 时}, v_o = -3\text{V}$$

例 6-4 为了用低值电阻实现高电压增益的比例运算,常用一 T 型网络来代替 R_f,如图 6-11 所示。试证明

$$\frac{v_o}{v_i} = -\frac{R_2 + R_3 + \dfrac{R_2 R_3}{R_4}}{R_1}。$$

证明 依然利用虚短、虚断的概念及克希荷夫电流定律进行求证。

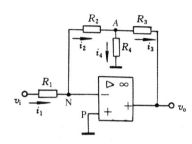

图 6-11 例 6-4 的电路

$$v_N = v_P = 0\text{V}$$

$$i_1 = i_2 \tag{6-8}$$

$$i_2 = i_3 + i_4 \tag{6-9}$$

其中

$$i_1 = \frac{v_i - v_N}{R_1} = \frac{v_i}{R_1}, \quad i_2 = \frac{v_N - v_A}{R_2} = -\frac{v_A}{R_2}$$

$$i_3 = \frac{v_A - v_o}{R_3}, \quad i_4 = \frac{v_A}{R_4},$$

将 i_1, i_2 代入式(6-8),得到

$$v_A = -\frac{R_2}{R_1} v_i$$

将 i_2, i_3, i_4 代入式(6-9)及式(6-8),得到

$$\frac{v_i}{R_1} = \frac{-\dfrac{R_2}{R_1} v_i - v_o}{R_3} + \frac{-\dfrac{R_2}{R_1} v_i}{R_4}$$

$$= -\frac{R_2}{R_1 R_3} v_i - \frac{1}{R_3} v_o - \frac{R_2}{R_1 R_4} v_i$$

整理后即可得到

$$\frac{v_o}{v_i} = -\frac{R_2 + R_3 + \dfrac{R_2 R_3}{R_4}}{R_1}$$

证毕。

例6-5　图 6-12(a)所示电路中，$v_{i2} < 0$，$K = -0.1$，为了使电路实现除法运算，

(1) 标出集成运放的同相输入端和反相输入端。

(2) 求出 v_o 和 v_{i1}，v_{i2} 的运算关系式。

解　(1) 为使电路实现除法运算，集成运放应工作在线性区。其工作在线性区的必要条件是：引入负反馈。用瞬时极性法判断，集成运放输入端应该上"＋"下"－"，如图 6-12(b)所示。

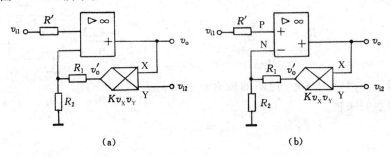

图 6-12　例 6-5 的电路

(2) 在图 6-12(b)中，由于虚断，故

$$v_P = v_{i1}, \qquad v_N = \frac{R_2}{R_1 + R_2} v_o'$$

乘法器输出　　　　　　　　　　　$v_o' = K v_o v_{i2}$

由于虚短，$v_P = v_N$，整理得到

$$v_o = \left(1 + \frac{R_1}{R_2}\right) \cdot \frac{1}{K} \cdot \frac{v_{i1}}{v_{i2}} = -10\left(1 + \frac{R_1}{R_2}\right) \cdot \frac{v_{i1}}{v_{i2}}$$

例6-6　图 6-13 所示电路中，三极管 T_1，T_2 特性相同，即在同一温度下三极管发射结的反向饱和电流 $I_{ES1} = I_{ES2} = I_{ES}$，运放 A_1 和 A_2 为理想运放。

(1) 求输出电压 v_o 的表达式。

(2) 试述该电路的特点。

解　(1) 由于虚短和虚断，$v_{N1} = v_{P1} = 0$，$i_1 = v_{i1}/R_1$。

由于虚断，$i_1 = i_{C1}$。

三极管的 i_C-v_{BE} 关系为

$$i_C \approx i_E \approx I_{ES} e^{v_{BE}/V_T}$$

即　　　　　　　　　　　　　　　$$v_{BE} = V_T \ln \frac{i_C}{I_{ES}}$$

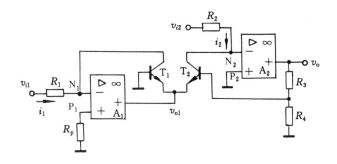

图 6-13 例 6-6 的电路

在 T_1 中，v_{BE} 即 $-v_{o1}$，由此得到

$$v_{o1} = -v_{BE} = -V_T \ln \frac{v_{i1}}{i_{ES} R_1}$$

在 T_2 中：
$$v_{BE} = \frac{R_4}{R_3 + R_4} v_o - v_{o1}$$

由于虚短和虚断，$i_2 = i_{C2}$，$i_2 = v_{i2}/R_2$，亦即

$$\frac{R_4}{R_3 + R_4} v_o - v_{o1} = V_T \ln \frac{v_{i2}}{I_{ES} R_2}$$

经整理得
$$v_o = \left(1 + \frac{R_3}{R_4}\right) V_T \ln\left(\frac{v_{i2}}{v_{i1}} \frac{R_1}{R_2}\right)$$

（2）电路特点

① 在 v_{i1} 与 v_{i2} 中有一个为常量的情况下，电路实现对数运算。

② 在 v_{i1} 与 v_{i2} 同为输入信号时，电路的输出与二者比值的对数成正比。与典型的对数运算电路相比，该电路的 v_o 表达式中无 I_{ES} 这一参量。I_{ES} 是三极管发射结的反向饱和电流，与温度密切相关。故该电路是一种具有温度补偿的对数运算电路。但 v_o 与 V_T 有关，V_T 也是温度的函数，R_3 选用具有负温度系数的电阻，进行补偿。

例 6-7 简单同相输入二阶有源低通滤波电路如图 6-14 所示，设集成运放为理想运放。

（1）求出该电路的传递函数，写出其复频域和频域的表达式。

（2）求其通带截止频率 f_H。

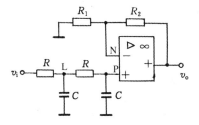

图 6-14 例 6-7 的电路

解 （1）在同相输入的情况下，有

$$V_o(s) = \left(1 + \frac{R_2}{R_1}\right) V_P(s)$$

由于虚断,则

$$V_P(s) = \frac{\dfrac{1}{sC}}{R+\dfrac{1}{sC}}V_L(s) = \frac{1}{1+sCR}V_L(s)$$

而

$$V_L(s) = \frac{\dfrac{\dfrac{1}{sC}\left(R+\dfrac{1}{sC}\right)}{\dfrac{1}{sC}+R+\dfrac{1}{sC}}}{R+\dfrac{\dfrac{1}{sC}\left(R+\dfrac{1}{sC}\right)}{\dfrac{1}{sC}+R+\dfrac{1}{sC}}}V_i(s) = \frac{1+sCR}{1+3sCR+(sCR)^2}V_i(s)$$

整理得

$$A(s) = \frac{V_o(s)}{V_i(s)} = \frac{1+\dfrac{R_2}{R_1}}{1+3sCR+(sCR)^2}$$

此即为电路传递函数的频域表达式。其中 $1+\dfrac{R_2}{R_1}$ 是该二阶有源低通滤波电路的通带电压放大倍数 A_o(低通滤波电路的通带电压放大倍数即为频率 $f=0$ 时的电压放大倍数)。

以 $j\omega$ 代替 s,并设 $\omega_n=\dfrac{1}{RC}$,可得电路传递函数的复频域表达式:

$$A(j\omega) = \frac{V_o(j\omega)}{V_i(j\omega)} = \frac{A_o}{1+j3\dfrac{\omega}{\omega_n}-\left(\dfrac{\omega}{\omega_n}\right)^2}$$

(2) 在角频率 ω 取值为截止角频率 ω_H 时,$|A(j\omega)|=\dfrac{A_o}{\sqrt{2}}$,即

$$\sqrt{\left[1-\left(\dfrac{\omega_H}{\omega_n}\right)^2\right]^2+\left(3\dfrac{\omega_H}{\omega_n}\right)^2} = \sqrt{2}$$

解得

$$\omega_H = 0.37\omega_n$$

通带截止频率

$$f_H = \frac{\omega_H}{2\pi} = \frac{0.37\omega_n}{2\pi} = \frac{0.37}{2\pi RC}$$

例 6-8　图 6-15 所示电路中,A_1,A_2 为理想运算放大器。

(1) 分别列出传递函数 $A_1(s)=\dfrac{V_{o1}(s)}{V_i(s)}$ 及 $A(s)=\dfrac{V_o(s)}{V_i(s)}$ 的表达式。

（2）根据 $A_1(s)$ 及 $A(s)$ 表达式，说明 A_1 级和整个电路分别属于什么类型的滤波电路。

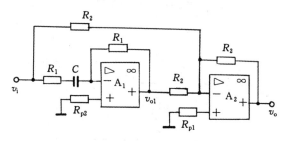

图 6-15 例 6-8 的电路

解 将第一级视为反相比例运算电路，则

$$A_1(s) = \frac{V_{o1}(s)}{V_i(s)} = -\frac{R_1}{R_1 + \frac{1}{sC}} = -\frac{sCR_1}{1 + sCR_1}$$

将第二级视为反相求和运算电路，则

$$V_o(s) = -\frac{R_2}{R_2} V_{o1}(s) - \frac{R_2}{R_2} V_i(s) = -V_{o1}(s) - V_i(s)$$

$$= -\left(-\frac{sCR_1}{1 + sCR_1}\right) V_i(s) - V_i(s) = -\frac{1}{1 + sCR_1} V_i(s)$$

故

$$A(s) = \frac{V_o(s)}{V_i(s)} = -\frac{1}{1 + sCR_1}$$

（2）由 $A_1(s)$ 的表达式，当 $s = 0$ 时，$A_1(s) = 0$；当 $s \to \infty$ 时，$A_1(s)$ 最大，所以，A_1 级是一阶高通滤波电路。

由 $A(s)$ 的表达式，当 $s = 0$ 时，$A(s) = -1$；当 $s \to \infty$ 时，$A(s) = 0$，故总电路为一阶低通滤波电路。

例 6-9 图 6-16 所示为二阶压控电压源高通滤波电路，其传递函数为

$$A_V(s) = \frac{V_o(s)}{V_i(s)} = \frac{(sCR)^2}{1 + (3 - A_0)sCR + (sCR)^2} A_0$$

（1）试根据对偶关系，画出二阶压控电压源低通滤波电路图。

（2）写出高通和低通频率特性表达式。

（3）比较二者的品质因数 Q 和 $f = f_n$ 时的增益 $\dot{A}_V|_{f=f_n}$。

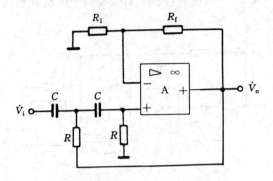

图 6-16   例 6-9 的电路

解　（1）画 LPF 电路如图 6-17 所示，将 HPF 电路中的 R,C 位置对调即得。

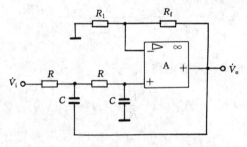

图 6-17   LPF 电路

（2）将 HPF 传递函数式中 $\dfrac{1}{sCR}$ 换成 sCR，即得 LPF 的传递函数：

$$A_V(s)=\frac{V_o(s)}{V_i(s)}=\frac{A_0}{1+(3-A_0)sCR+(sCR)^2}$$

用 $j\omega$ 代替 s，得 LPF 的频率特性（并令 $f_n=\dfrac{1}{2\pi RC}$）：

$$\dot{A}_V=\frac{A_0}{1-\left(\dfrac{f}{f_n}\right)^2+j(3-A_0)\dfrac{f}{f_n}}$$

同理，HPF 的频率特性为

$$\dot{A}_V=\frac{A_0}{1-\left(\dfrac{f_n}{f}\right)^2-j(3-A_0)\dfrac{f_n}{f}}$$

（3）$f=f_n$ 时

LPF：
$$\dot{A}_V\big|_{f=f_n}=\frac{A_0}{\mathrm{j}(3-A_0)}$$

HPF：
$$\dot{A}_V\big|_{f=f_n}=\frac{A_0}{-\mathrm{j}(3-A_0)}$$

$$Q=\left|\frac{\dot{A}_V\big|_{f=f_n}}{A_0}\right|=\frac{1}{3-A_0}$$

LPF 和 HPF 相同。

例 6-10　图 6-18 所示滤波电路中，A 为理想运算放大器。

（1）导出电路的传递函数 $A_V(s)=\dfrac{V_o(s)}{V_i(s)}$。定性分析电路的滤波功能。

（2）写出通带增益 A_0、等效品质因数 Q 和特征频率 f_n 的表达式，并说明该电路对 A_0 的值有无限制。

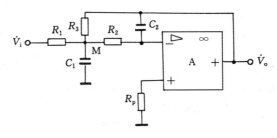

图 6-18　例 6-10 的电路

解　（1）由 KCL，则
$$\begin{cases} V_o(s)=-\dfrac{1}{sR_2C_2}V_M(s) \\[3mm] \dfrac{V_i(s)-V_M(s)}{R_1}-V_M(s)sC_1-\dfrac{V_M(s)}{R_2}-\dfrac{V_M(s)-V_o(s)}{R_3}=0 \end{cases}$$

解以上联立方程式，得
$$A_V(s)=\frac{V_o(s)}{V_i(s)}=-\frac{R_3/R_1}{1+sC_2R_2R_3\left(\dfrac{1}{R_1}+\dfrac{1}{R_2}+\dfrac{1}{R_3}\right)+s^2C_1C_2R_2R_3}$$

将 $A_V(s)$ 变换为频率特性，得
$$\dot{A}_V=\frac{V_o}{V_i}=-\frac{R_3/R_1}{1-\left(\dfrac{f}{f_n}\right)^2+\mathrm{j}\sqrt{\dfrac{C_2R_2R_3}{C_1}}\left(\dfrac{1}{R_1}+\dfrac{1}{R_2}+\dfrac{1}{R_3}\right)\dfrac{f}{f_n}}$$

当 $f \to 0$ 时,$|\dot{A}_V| = \dfrac{R_3}{R_1}$;当 $f \to \infty$ 时,$|\dot{A}_V| = 0$,该电路是二阶低通滤波电路,反相输入方式。

(2) $\dot{A}_0 = -\dfrac{R_3}{R_1}$,电路对 A_0 无限制。

$$Q = \frac{|\dot{A}_V|_{f=f_n}}{A_0} = (R_1 /\!/ R_2 /\!/ R_3)\sqrt{\frac{C_1}{R_1 R_2 C_2}}$$

$$f_n = \frac{1}{2\pi\sqrt{R_2 R_3 C_1 C_2}}$$

6.4　习题及答案

习　题

1. 集成运放的输入入电阻、输出电阻、开环电压增益各有何特点?

2. 什么情况下,集成运放的 $v_o = A_{vo}(v_P - v_N)$?

3. 运放工作在线性区的条件是什么?

4. 集成运放工作在线性区的两个最重要的基本特征是什么?

5. 分析说明由运放构成的电压跟随器的作用。

6. 阐述积分电路、微分电路中,参数对输出结果的影响。

7. 请画出集成运放的电压线传输特性曲线,指出在哪个区间运放的输出 $v_o = A_{vo}(v_P - v_N)$。

8. 请画出集成运放的电压传输特性曲线,指出线性工作区,满足什么条件运放工作在线性区?

9. 选择正确的答案:

(1) 国产集成运算放大器有三种封装形式,目前应用最多的是(　　)形式。

A. 扁平管封装　　B. 圆外壳封装　　C. 双列直插式封装

(2) 理想运算放大器的开环放大倍数 A_v 为(　　),输入电阻 R_{id} 为(　　),输出电阻 R_o 为(　　)。

A. ∞　　　　　B. 0　　　　C. 不定

(3) 理想运算放大器的两个重要结论是(　　)。

A. 虚地与反相　　B. 虚短与虚地　　C. 虚短与虚断　　D. 断路和短路

(4) 施加深度负反馈可使运放进入(　　);令运放开环或加正反馈可使运放进入(　　)。

A. 非线性区　　B. 线性工作区

(5) 集成运放的线性应用电路存在(　　)现象,非线性应用电路存在(　　)的现象。

A. 虚短　　B. 虚断　　C. 虚短和虚断

(6) 集成运放能处理(　　)。

A. 交流信号　　B. 直流信号　　C. 交流和直流信号

(7) 由理想运放构成的线性应用电路,其电路增益与运放本身的参数(　　)。

A. 有关　　B. 无关　　C. 有无关系不确定

(8) 电路如题图 6-9 所示,工作在线性区的电路有(　　)。

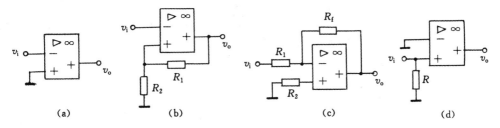

(a)　　　　　(b)　　　　　(c)　　　　　(d)

题图 6-9

(9) (　　)输入比例运算电路的反相输入端为虚地点;(　　)输入比例运算电路的输出信号与输入信号一定反相;(　　)输入比例运算电路的电压放大倍数是 $-R_f/R_1$,(　　)输入比例运算电路的电压放大倍数是 $(1+R_f/R_1)$。

A. 同相　　B. 反相　　C. 差动

(10) 反相输入积分电路中的电容接在电路的(　　)。

A. 反相输入端　　B. 同相输入端　　C. 反相端与输出端之间

D. 同相端与输出端之间

10. 题图 6-10 是一电压放大倍数可调的电路。当电阻器的滑动端处于上端时,电路是(　　),当电阻器的滑动端处于下端时,电路变为(　　)。

A. 同相输入运算电路　B. 反相输入运算电路　C. 差动输入运算电路

电路的电压放大倍数的调节范围是(　　)。

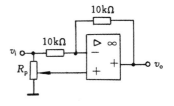

题图 6-10

A. $-1\sim0$　　B. $0\sim1$　　C. $-1\sim1$

11. 电路如题图 6-11 所示,若 $R_2=R_3=20\text{k}\Omega$,$v_i=1\text{V}$,则 $v_o=$ (　　)。

A. -1V　　B. 1V　　C. -2V　　D. 2V

12. 电路如题图 6-12 所示,若已知 $R_1=R_2=R_F=20\text{k}\Omega$,$E_1=E_2=1\text{V}$,则 $v_o=$ (　　)。

A. -1V　　B. -2V　　C. -3V　　D. 2V

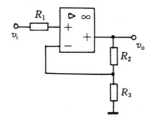

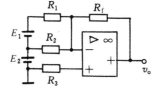

题图 6-11　　　　　　　　　　　题图 6-12

13. 电路如题图 6-13 所示,图中 $R_3 = R_2$,试求 v_o 与 v_i 的关系表达式。

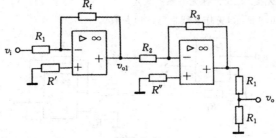

题图 6-13

14. 试写出题图 6-14 所示电路中 v_o 与 v_{i1},v_{i2} 的关系式。

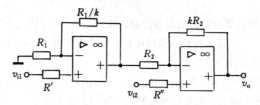

题图 6-14

15. 题图 6-15 所示电路是应用集成运放组成的测量电压的原理电路,输出端接满量程为 5V 的电压表,欲得到 10V,5V,1V,0.5V 四种量程,试计算 $R_1 \sim R_4$ 的阻值。

16. 测量小电流的原理电路如题图 6-16 所示,若想在测量 5mA,0.5mA,0.1mA,50μA 的电流时,分别使输出端的 5V 电压表满量程,求 $R_1 \sim R_4$ 应为多少? 当开关拨到 0.5mA 档时,能测量电流的范围是多少?

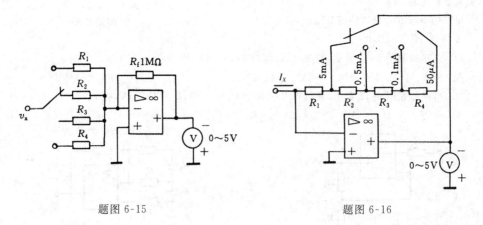

题图 6-15　　　　　　　　　　　题图 6-16

17. 电路如题图 6-17(a)所示,已知 $R_1 = R_2 = R_f$,v_{i1} 与 v_{i2} 波形如题图 6-17(b)所示,试画出输出电压 v_o 的波形。

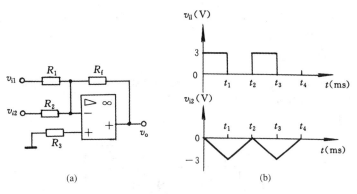

题图 6-17

18. 题图 6-18 所示比例积分运算电路中,设 A 为理想运算放大器,电容 C 的初始电压 $u_C(t)|_{t=0} = 0$。$R_1 = 100\mathrm{k}\Omega$,$R_f = 50\mathrm{k}\Omega$,$C = 0.5\mu\mathrm{F}$。

(1) 写出电路输出电压 v_0 的表达式。

(2) 输入电压如图示方波,试画出输出电压 v_0 的波形图,标明有关幅值。

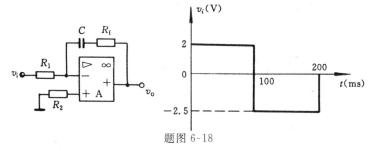

题图 6-18

19. 电路如题图 6-19 所示,设电容器中电压初值为零,试写出输出电压 v_o 与输入电压 v_{i1} 及 v_{i2} 之间的关系式。

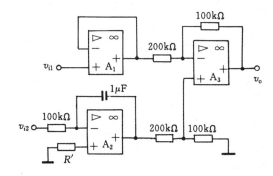

题图 6-19

20. 试设计出实现如下运算功能的电路:

(1) $v_o = 2v_{i1} + v_{i2}$。

(2) $v_o = 6v_i$。

(3) $v_o = -(v_{i1} - 0.2v_{i2})$。

(4) $v_o = -10\int v_{i1}\,dt - 2\int v_{i2}\,dt$。

21. 由运放组成的 BJT 电流放大系数 β 的测试电路如题图 6-21 所示,设 BJT 的 $V_{BE} = 0.7V$。

(1)求 BJT 的 c,b,e 各极的电位值。

(2)若电压表读数为 200mV,试求 BJT 的 β 值。

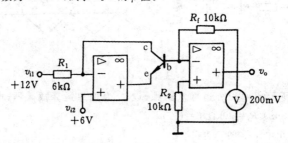

题图 6-21

22. 电路如题图 6-22 所示,若电路中 BJT T_1,T_2,T_3 相互匹配,试求 v_o 的值。说明此电路完成何种运算功能?

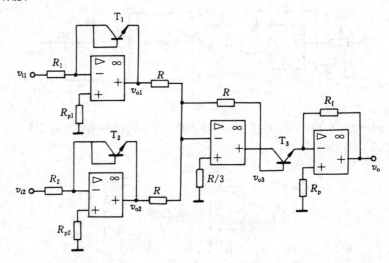

题图 6-22

23. 电路如题图 6-23 所示,运放和乘法器都具有理想特性。

(1)求 v_{o1},v_{o2} 和 v_o 的表达式。

(2)当 $v_{i1} = V_{im}\sin\omega t$,$v_{i2} = V_{im}\sin(\omega t - 90°)$时,说明此电路具有检测正交振荡幅值的功能(称平方律振幅检测电路)。

24. 电路如题图 6-24 所示,试求输出电压 v_o 的表达式。

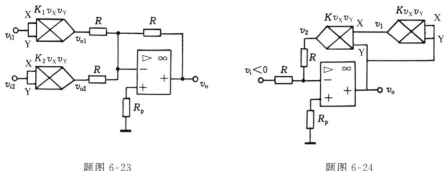

题图 6-23   题图 6-24

25. 在下列几种情况下,应分别采用哪种类型的滤波电路(低通、高通、带通、带阻)?

(1)有用信号频率为 100Hz。

(2)有用信号频率低于 400Hz。

(3)希望抑制 50Hz 交流电源的干扰。

(4)希望抑制 500Hz 以下的信号。

26. 设运放为理想器件。在下列几种情况下,它们应分别属于哪种类型的滤波电路(低通、高通、带通、带阻)? 并定性画出其幅频特性。

(1)理想情况下,当 $f=0$ 和 $f=\infty$ 时的电压增益相等,且不为零。

(2)直流电压增益就是它的通带电压增益。

(3)在理想情况下,当 $f=\infty$ 时的电压增益就是它的通带电压增益。

(4)在 $f=0$ 和 $f=\infty$ 时,电压增益都等于零。

27. 在下列情况下,应采用(A)无源滤波电路,还是采用(B)有源滤波电路(只填 A 或 B)。

(1) 若希望滤波电路通过的电流大(例如 1A),则应采用_____滤波电路。

(2) 若希望滤波电路的输入电阻很高(例如几百千欧),应采用_____滤波电路。

(3) 如果滤波电路的电压约 200V,应采用_____滤波电路。

(4) 若要求滤波电路不应产生自激,且工作环节恶劣,滤除 50Hz 交流电压中的高次谐波成分,应采用_____滤波电路。

(5) 要求方便地组成高阶滤波器,且体积和重量尽量小,应采用_____滤波电路。

28. 分别推导出题图 6-28 所示各电路的传递函数,并说明它们属于哪种类型的滤波电路。

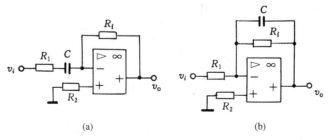

(a)   (b)

题图 6-28

29. 题图 6-29 所示二阶低通滤波电路中，A 为理想运算放大器。已知传递函数表达式为

$$A_V(s) = \frac{V_o(s)}{V_i(s)} = \frac{A_0}{1 + 3sCR + (sCR)^2}$$

(1) 通带放大倍数 $A_0 = ?$ 特征频率 $f_n = ?$

(2) 求当 $f = f_n$ 时，$|\dot{A}_V| = ?$

(3) 电路的通带截止频率 $f_H = ?$

30. 二阶压控电压源低通滤波电路如题图 6-30 所示。若要求电路的特征频率 $f_n = 500\text{Hz}$，品质因数 $Q = 0.8$。求电路中 R_2 和 R 各应取多大？设 A 为理想运算放大器。

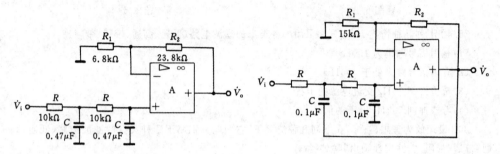

题图 6-29　　　　　　　　　　　　　　　　题图 6-30

31. 题图 6-31 所示为高通滤波电路，已知其传递函数为

$$A_V(s) = \frac{V_o(s)}{V_i(s)} = -\frac{s^2 C^2 R_1 R_2}{1 + 3sCR_2 + s^2 C^2 R_1 R_2}$$

(1) 写出频率特性表达式。

(2) 已知 $R_1 = 10\text{k}\Omega$，$R_2 = 25\text{k}\Omega$，欲使特征频率 $f_n = 1\text{kHz}$，问电容 C 应选多大？通带截止频率 $f_L = ?$

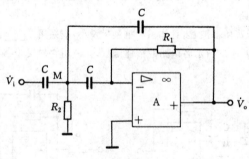

题图 6-31

答　案

1～8. 略

9. (1) C

　　(2) A,A,B

　　(3) C

　　(4) B,A

　　(5) C,B

　　(6) C

　　(7) B

　　(8) C

　　(9) B,B,B,A

　　(10) C

10. C,B, C

11. D

12. C

13. $v_o = \dfrac{1}{2}\left(-\dfrac{R_3}{R_2}\right)\left(-\dfrac{R_f}{R_1}\right)v_i = \dfrac{1}{2}\dfrac{R_f}{R_1}v_i$

14. $v_o = -\dfrac{kR_2}{R_2}\left(1+\dfrac{R_1/k}{R_1}\right)v_{i1} + \left(1+\dfrac{kR_2}{R_2}\right)v_{i2}$

　　　$= (1+k)(v_{i2}-v_{i1})$

15. $2M\Omega, 1M\Omega, 0.2M\Omega, 0.1M\Omega$

16. $1k\Omega, 9k\Omega, 40k\Omega, 50k\Omega$, $0～0.5mA$

17. $v_o = -v_{i1} - v_{i2}$

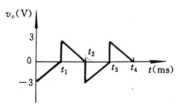

答图 6-17

18. (1) $v_o(t) = -\dfrac{R_2}{R_1}v_i(t) - \dfrac{1}{R_1C}\displaystyle\int_0^t v_i(t)\mathrm{d}t = -\dfrac{1}{2}v_i - \dfrac{t}{0.05}v_i$

(2) v_o 的波形如答图 6-18 所示。

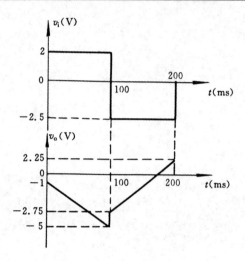

答图 6-18

19. $v_o = -\dfrac{100\text{k}\Omega}{200\text{k}\Omega} v_{i1} + \left(1 + \dfrac{100\text{k}\Omega}{200\text{k}\Omega}\right) \dfrac{100\text{k}\Omega}{200\text{k}\Omega + 100\text{k}\Omega} \left(-\dfrac{1}{100\text{k}\Omega \times 1\mu\text{F}}\right) \int v_{i2}\,\mathrm{d}t$

$\qquad = -\dfrac{1}{2} v_{i1} - 5\displaystyle\int v_{i2}\,\mathrm{d}t$

20. 略

21. (1) $6\text{V}, 0\text{V}, -0.7\text{V}$

$\quad$ (2) $I_c = \dfrac{12\text{V} - 6\text{V}}{6\text{k}\Omega} = 1\ \text{mA}$ $\qquad I_b = \dfrac{200\text{mV} - 0}{10\text{k}\Omega} = 20\ \mu\text{A}$

$\qquad \beta = \dfrac{I_c}{I_b} = 50$

22. $v_{o1} = -V_T \ln \dfrac{v_{i1}}{I_{ES} R_1}$, $\quad v_{o2} = -V_T \ln \dfrac{v_{i2}}{I_{ES} R_2}$,

$\qquad v_{o3} = V_T \ln \dfrac{v_{i1} v_{i2}}{I_{ES}^2 R_1 R_2}$, $\quad v_o = -\dfrac{R_f}{I_{ES} R_1 R_2} v_{i1} v_{i2}$

$\quad$ 该电路利用对数和反对数运算电路完成乘法运算功能。

23. (1) $v_{o1} = K_1 v_{i1}^2$, $v_{o2} = K_2 v_{i2}^2$, $v_o = -(v_{o1} + v_{o2}) = -(K_1 v_{i1}^2 + K_2 v_{i2}^2)$

$\quad$ (2) 设 $K_1 = K_2 = K$, $v_o = -K V_{im}^2 [\sin^2 \omega t + \sin^2 (\omega t - 90°)] = -K V_{im}^2$
在 $K_1 = K_2$ 的情况下,输出与两正交振荡信号的幅值平方成正比,故电路具有检测正交振荡幅值的功能。

24. $v_2 = K v_o v_1 = K^2 v_o^3$, $\quad v_2 = -v_i$, $\quad v_o = \sqrt[3]{-\dfrac{v_i}{K^2}}$

25. (1) 带通 (2) 低通 (3) 带阻 (4) 高通

26. (1) 带阻 (2) 低通 (3) 高通 (4) 带通

27. (1) A (2) B (3) A (4) A (5) B

28. (a) $A(s) = \dfrac{V_o(s)}{V_i(s)} = -\dfrac{sCR_f}{1+sCR_1}$，为一阶高通滤波电路

(b) $A(s) = \dfrac{V_o(s)}{V_i(s)} = -\dfrac{R_f}{R_2} \times \dfrac{1}{1+sCR_f}$，为一阶低通滤波电路

29. (1) $A_0 = 1 + \dfrac{R_2}{R_1} = 4.5$，$f_n = \dfrac{1}{2\pi RC} \approx 33.9\,\text{Hz}$

(2) $|\dot{A}_V|_{f=f_n} = \dfrac{A_0}{3} = 1.5$

(3) $|\dot{A}_V|_{f=f_H} = \dfrac{A_0}{\sqrt{2}}$，$f_H \approx 0.37 f_n = 12.5\,\text{Hz}$

30. $f_n = \dfrac{1}{2\pi RC}$，$R \approx 3.18\,\text{k}\Omega$，$Q = \dfrac{1}{3-A_0}$，$A_0 = 1.75$，

$$\begin{cases} 1 + \dfrac{R_2}{R_1} = A_0 \\ R_1 /\!/ R_2 = 2R \end{cases},$$

解得 $R_1 \approx 4.67R \approx 14.85\,\text{k}\Omega$，$R_2 \approx 3.5R \approx 11.13\,\text{k}\Omega$。

31. (1) 以 $j\omega$ 替换 $A_V(s)$ 式中的 s，并令 $\omega_n = \dfrac{1}{C\sqrt{R_1 R_2}}$，得频率特性表达式：

$$\dot{A}_V = \dfrac{V_o}{V_i} = -\dfrac{1}{1-\left(\dfrac{\omega_n}{\omega}\right)^2 - j3\sqrt{\dfrac{R_2}{R_1}}\dfrac{\omega_n}{\omega}}$$

(2) $f_n = \dfrac{1}{2\pi C\sqrt{R_1 R_2}}$，$C \approx 0.01\,\mu\text{F}$

求 f_L：$\left| 1 - \left(\dfrac{f_L}{f_n}\right)^2 + j3\sqrt{\dfrac{R_2}{R_1}} \cdot \dfrac{f_L}{f_n} \right| = \sqrt{2}$，$f_L \approx 4.54\,\text{kHz}$

7 信号产生电路

7.1 理论要点

信号产生电路包括正弦波振荡电路和非正弦信号产生电路。正弦波振荡电路在科学实验和生产实践中广泛用作信号源,非正弦信号产生电路在测量设备、数字系统及自动控制系统中的应用也日益广泛。

7.1.1 正弦波振荡电路

1. 正弦波振荡电路的组成

正弦波振荡电路必须由放大电路、选频网络、反馈网络和稳幅电路四个基本部分组成。正弦波振荡电路是一个没有输入信号的带选频网络的正反馈放大电路。

2. 产生正弦振荡的条件

正弦波振荡电路产生持续振荡的条件为 $\dot{A}\dot{F}=1$。

设 $\dot{A}=A\angle\varphi_A$,$\dot{F}=F\angle\varphi_F$,则

振幅平衡条件: $\qquad\qquad\qquad AF=1$ $\qquad\qquad\qquad\qquad$ (7-1)

相位平衡条件: $\qquad\quad \varphi_A+\varphi_F=2n\pi \quad n=0,1,2,\cdots$ $\qquad\qquad$ (7-2)

式(7-1)所示的振幅平衡条件,是对振荡电路已进入稳态振荡而言的。

起振条件是 $\qquad\qquad\qquad AF>1$

$$\varphi_A+\varphi_F=2n\pi, \quad n=0,1,2,\cdots$$

起振后,由稳幅电路使 $AF=1$。

3. 产生正弦振荡的条件与负反馈放大电路自激条件的异同

正弦波振荡电路中采用的是正反馈,故相位平衡条件如式(7-2)所示;而负反馈放大电路中产生自激的相位条件是

$$\varphi_A+\varphi_F=(2n-1)\pi, \quad n=0,1,2,\cdots$$

二者的振幅平衡条件相同:$AF=1$。

正弦波振荡电路中的自激是要维持的,负反馈放大电路中的自激是要防止的。

4. 正弦波振荡电路的分类

正弦波振荡电路的分类见表7-1。

表 7-1　　　　　　　　　　　　　正弦波振荡电路的分类

名称	选频网络	分类	振荡频率
RC 正弦波振荡电路	RC 网络	文式电桥式	几赫～几百千赫
		移相式	
		双 T 选频网络式	
LC 正弦波振荡电路	LC 网络	变压器反馈式	1MHz 以上 多由分立元件组成①
		电容三点式	
		电感三点式	
石英晶体 正弦波振荡电路	石英晶体	并联式	几十千赫以上， 频率高度稳定
		串联式	

5. 各种类型正弦波振荡电路的选频网络及其特点

各种类型正弦波振荡电路的选频网络及其特点见表 7-2。

表 7-2　　　　　　　　各种类型正弦波振荡电路的选频网络及其特点

选频网络		特　　　点
文氏电桥式		$f=f_0=\dfrac{1}{2\pi RC}$时，$F=\dfrac{1}{3}$，即 $\varphi_F=0$，则要求 $$\varphi_A=2n\pi，\quad n=0,1,2,\cdots$$ 可满足公式(7-2)的相位平衡条件
移相式		$f=f_0\approx\dfrac{1}{2\pi\sqrt{6}\,RC}$时，$\dot{V}_f$ 较 $\dot{V}_o$ 产生 180°的相移，即 $\varphi_F=180°$，则要求 $$\varphi_A=(2n-1)\pi，\quad n=0,1,2,\cdots$$
双 T 选频网络式		A,B 两点间的双 T 选频网络接在放大电路的负反馈网络中。当 $f=f_0$ $=\dfrac{1}{2\pi RC}$时，产生并联谐振，$\|Z_{AB}\|$ 很大，电路所呈现的负反馈最弱，此时若有适当的正反馈量，电路就能产生振荡

---

① 通用型集成运放频带较窄，而高速型集成运放价格昂贵。

续表

选频网络	特　　点		
变压器反馈式	根据同名端标志情况及接地情况,结合瞬时极性法,判断是否为正反馈。 　　判断 L 三端瞬时极性的方法:LC 并联谐振回路谐振时,因 LC 回路电流≫流入 LC 回路的电流,故 L 中间抽头的瞬时电位一定在首、尾两端点的瞬时电位之间。当中间抽头接地时,其他两端的瞬时极性相反;当某一端接地时,中间抽头和另一端的瞬时极性相同而与接地端相反	有集电极调谐型、发射极调谐型、基极调谐型几种形式。左图为集电极调谐型	
电感三点式 $L = L_1 + L_2 + 2M$		三点式电路满足相位条件的规律:凡与双极型晶体管发射极(或集成运放同相端)相连的两个谐振回路元件,其电抗性质必须相同(同为电感或电容),其余的谐振回路元件其电抗性质必须与前两个相异	起振容易、调整方便,但输出波形不好;在频率较高时不易起振
电容三点式 $C = \dfrac{C_1 C_2}{C_1 + C_2}$			输出波形好,接近于正弦波。晶体管的输入、输出电容与回路电容并联,故可适当增加回路电容以提高稳定性。工作频率可以做得较高(利用级间电容)。但调整频率困难、起振困难
并联式	石英晶体工作在 ω_s 与 ω_p 之间,振荡时呈感性,相当于一个电感,可组成电容三点式及电感三点式振荡电路 $f_s < f_0 < f_p$ 而接近 f_p		
串联式	石英晶体工作在 $\omega = \omega_s$,$X = R$ 最小,相当于电阻,石英晶体同时具有选频作用		

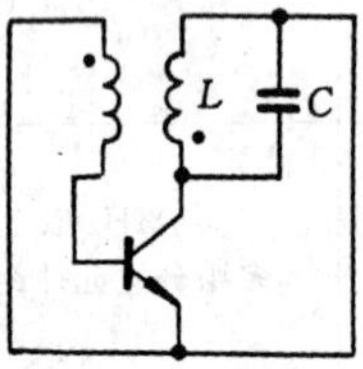

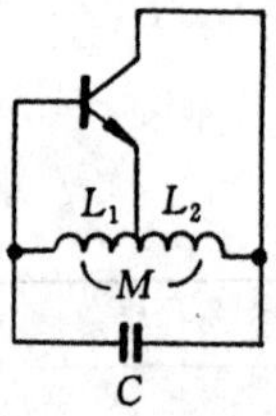

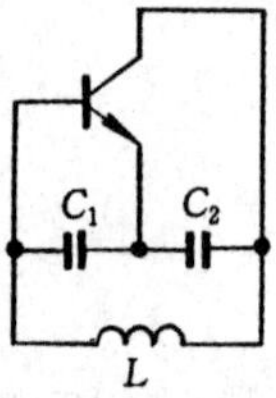

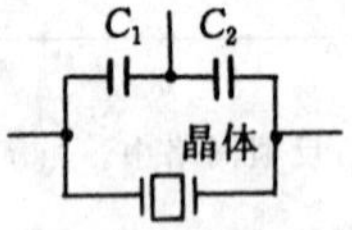

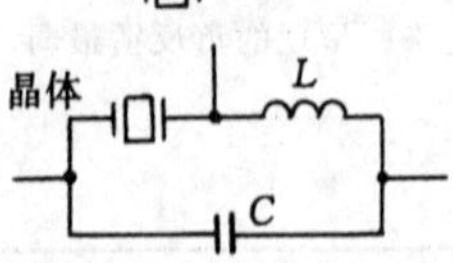

$$f_0 = \frac{1}{2\pi \sqrt{LC}}$$

6. 正弦波振荡电路的分析方法

（1）先判断电路是否包含放大电路、选频网络、反馈网络和稳幅电路四个基本部分。

（2）分析放大电路能否正常工作。对分立元件电路,看是否有合适的静态工作点;对集成运放,看输入端是否有直流通路。

（3）检查电路是否满足自激条件:

关键是相位平衡条件。

画出电路的交流通路,识别出选频网络,根据选频网络判断电路是何种类型的正弦波振荡电路。

RC 正弦波振荡电路中,文式电桥式选频网络、移相式选频网络的 φ_F 是确定的,其具体数值及对 φ_A 的要求见表 7-2,φ_A 的数值用瞬时极性法判断。双 T 选频网络的特点亦见表 7-2。

LC 正弦波振荡电路中,变压器反馈式、电容三点式、电感三点式选频网络的特点如表 7-2 所示,结合瞬时极性法判断电路是否满足相位平衡条件。

石英晶体正弦波振荡电路特点亦见表 7-2。

再检查幅值平衡条件。$|\dot{A}\dot{F}|<1$,不能振荡;$|\dot{A}\dot{F}|=1$,不能起振;$|\dot{A}\dot{F}|>1$,如果没有稳幅措施,则输出波形失真。一般应取 $|\dot{A}\dot{F}|$ 略大于 1,起振后由稳幅措施使电路达到 $|\dot{A}\dot{F}|=1$,产生幅度稳定、几乎不失真的正弦振荡。

（4）振荡频率由相位平衡条件决定,它取决于选频网络参数。

7.1.2 非正弦信号产生电路

非正弦信号产生电路包括方波（及矩形波）产生电路、三角波（及锯齿波）产生电路等。比较电路是组成非正弦信号产生电路的基础。在比较电路和非正弦信号产生电路中,集成运放工作在非线性状态。

1. 集成运放非线性应用时的特点

（1）集成运放开环（如单门限电压比较器、窗口比较器）,或带有正反馈（如迟滞比较器）,或同时兼有正反馈和负反馈但以正反馈为主（非正弦信号产生电路）。

（2）集成运放输出电压取值只有两个:正的饱和值 V_{OH} 和负的饱和值 V_{OL},当输出端有限幅电路时,则为其他的低电平和高电平。

（3）由于集成运放的输入电阻高,输入电流很小,故输入端虚断的特征依然存在。

（4）分析依据:

$v_P<v_N$ 时,$v_o=V_{OL}$;$v_P>v_N$ 时,$v_o=V_{OH}$,如图 7-1 所示。

输入信号 v_i 变化到使 $v_P=v_N$ 时,集成运放的输出状态发生改变。使集成运放的

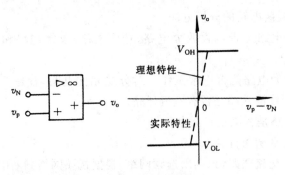

图 7-1　集成运放的传输特性

输出状态发生改变的输入信号 v_i 取值称为门限电压(或阈值电压)V_{TH}。

门限电压 V_{TH} 的求法：根据输入回路和反馈网络，写出 v_P 和 v_N 的表达式：

$$v_P = f_P(v_i, V_{REF}, v_o), \quad v_N = f_N(v_i, V_{REF}, v_o)$$

令 $v_P = v_N$，求得 $v_i = f_I(V_{REF}, v_o)$ 即为 V_{TH}。

2. 电压比较器

电压比较器包括最简单的单门限电压比较器以及窗口比较器和迟滞比较器。

各种电压比较器的一般情况见表 7-3。

电压比较器根据输入信号变化情况与输出信号变化情况的关系不同，分为同相比较器和反相比较器两种。当输入信号变化到大于参考电平而输出变为高电平时，为同相比较器；而若输出变为低电平则为反相比较器。表 7-3 中所列单门限电压比较器和迟滞比较器都是反相比较器；例 7-10、例 7-11 中的迟滞比较器都是同相比较器。

表 7-3　　　　　　　　　　各种电压比较器的一般情况

比较器	单门限电压比较器	窗口比较器	迟滞比较器
典型电路	![单门限电压比较器典型电路]	![窗口比较器典型电路]	![迟滞比较器典型电路]
传输特性	![单门限电压比较器传输特性]	![窗口比较器传输特性]	![迟滞比较器传输特性]

续表

比较器	单门限电压比较器	窗口比较器	迟滞比较器
门限电压	$V_{TH}=V_{REF}$ （$V_{REF}=0$ 时为过零比较器）	$V_{TH1}=V_{RH}$ $V_{TH2}=V_{RL}$	$V_{T_+}=\dfrac{R_1 V_{REF}}{R_1+R_2}+\dfrac{R_2 V_{OH}}{R_1+R_2}$ $V_{T_-}=\dfrac{R_1 V_{REF}}{R_1+R_2}+\dfrac{R_2 V_{OL}}{R_1+R_2}$
反馈电路	开环	开环	正反馈
特点	电路简单， 灵敏度高， 抗干扰能力差	可判断 v_i 是否在两个 电平之间	有两个门限电压， 抗干扰能力强， 灵敏度差

电压比较器是联系模拟与数字信号的一种电路模块，在数模混合系统中有广泛的应用，是产生方波、三角波和锯齿波等非正弦信号的主要电路部件。

电压比较器中的集成运放常常工作在非线性区，运放一般处于开环（如单门限电压比较器）或正反馈（如迟滞比较器）状态。集成电压比较器的输出电压可与数字电路的逻辑电平兼容，因此可作为与数字电路的接口电路。

迟滞电压比较器采用内部或外部正反馈，使正向与反向门限电压分离。迟滞比较器可用于消除噪声对输出的影响。在振荡电路中，利用迟滞比较器可实现对电容充放电电平的控制，从而达到调节频率和占空比的目的。

比较器的分析，首先根据门限电压的含义及具体电路，求出门限电压 V_{TH}；然后根据具体电路分析输入信号从最低到最高及从最高到最低变化时输出信号的变化规律，画出传输特性和输出波形。

3. 非正弦信号产生电路

非正弦信号产生电路由迟滞比较器、反馈网络、延时环节及积分电路（三角波和锯齿波产生电路中需要）等组成。

（1）方波（及矩形波）产生电路

方波产生电路如图 7-2 所示。R_f 和 C 组成具有延时作用的反馈网络。该电路的门限电压为

$$V_{T_+}=\frac{R_2}{R_1+R_2}V_{OH},$$

$$V_{T_-}=\frac{R_2}{R_1+R_2}V_{OL}$$

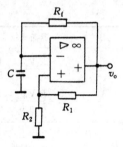

图 7-2　方波产生电路

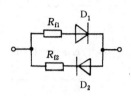

图 7-3　电阻网络

输出方波的振荡周期为

$$T=2R_{\mathrm{f}}C\ln\left(1+2\frac{R_2}{R_1}\right)$$

当以图 7-3 所示电路代替图 7-2 中的 R_{f} 时,电容 C 的充放电时间常数不同,电路成为矩形波产生电路,此时的振荡周期为

$$T=(R_{\mathrm{f1}}+R_{\mathrm{f2}})C\ln\left(1+2\frac{R_2}{R_1}\right)$$

(2) 三角波(及锯齿波)产生电路

三角波产生电路如图 7-4 所示。它由同相输入的迟滞比较器 A_1 和积分电路 A_2 组成。

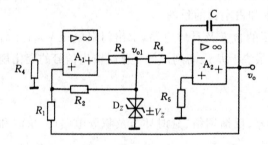

图 7-4　三角波产生电路

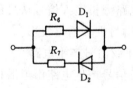

图 7-5　电阻网络

迟滞比较器的输入信号即是 v_{o}。门限电压为

$$V_{\mathrm{T_+}}=\frac{R_1}{R_2}V_{\mathrm{Z}}, \quad V_{\mathrm{T_-}}=-\frac{R_1}{R_2}V_{\mathrm{Z}}$$

输出三角波的振荡周期为

$$T=\frac{4R_1R_6C}{R_2}$$

输出三角波的幅值为 $\pm\dfrac{R_1}{R_2}V_Z$。

当以图 7-5 所示电路代替图 7-4 中的 R_6 时,电容 C 的充放电时间常数不同,电路成为锯齿波产生电路,此时的振荡周期为

$$T=\frac{2R_1(R_6+R_7)C}{R_2}$$

7.2　基本要求

(1) 本章的重点是判断电路能否产生正弦振荡,若能产生振荡,试计算振荡频率;非正弦信号产生电路的原理。

(2) 熟练掌握产生正弦振荡的条件,熟练掌握正弦波振荡电路的分析方法,重点是 RC 正弦波振荡电路和 LC 正弦波振荡电路。

(3) 熟练掌握比较电路的基本特征,重点掌握迟滞比较器的门限电压 V_{TH}、传输特性和输出波形。

(4) 正确理解非正弦波发生电路,掌握电路的组成、工作原理、f(或 T)的估算和输出波形的画法。

(5) 一般了解石英晶体正弦波振荡电路。

7.3　典型例题

例 7-1　电路如图 7-6(a)所示。(1)由相位平衡条件分析电路能否产生正弦波振荡;(2)若能振荡,R_f 和 R_{e1} 的值应有何关系? 振荡频率是多少? 为了稳幅,电路中哪个电阻可采用热敏电阻? 其温度系数如何?

解　(1) 图 7-6(a)电路的交流通路如图 7-6(b)所示。由图 7-6(b),电路是一个文氏电桥式振荡电路。根据表 7-2,当 $f=f_0=\dfrac{1}{2\pi RC}$ 时,$\dot{F}_V=\dfrac{1}{3}$,即 $\varphi_F=0$,由瞬时极性法判断放大电路的相位移 φ_A,假设在 T_1 的栅极加入极性为"+"的信号,由于 T_1 的漏极与栅极反相,T_2 的集电极与基极反相,故输出电压的极性为"+",如图 7-6(b)所示,$\varphi_A=2\pi$,$\varphi_A+\varphi_F=2\pi$,满足公式(7-2)的相位平衡条件,电路能产生正弦波振荡。

(2) 振荡频率

$$f=f_0=\frac{1}{2\pi RC}=\frac{1}{2\pi\times68\times10^3\times0.04\times10^{-6}}=58.5\,\text{Hz}$$

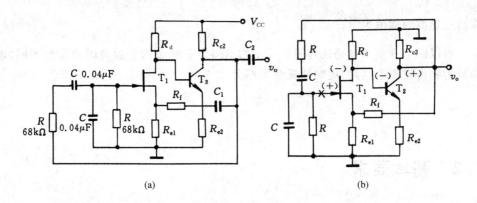

图 7-6　例 7-1 的电路

R_f 从输出到 T_1 的源极引入了串联电压负反馈,负反馈的反馈系数 $F_V = \dfrac{R_{e1}}{R_{e1} + R_f}$,

在满足深度负反馈的条件下,放大电路的电压放大倍数 $A \approx \dfrac{1}{F_V} = 1 + \dfrac{R_f}{R_{e1}}$,根据起振

条件:$AF > 1$,而 $\dot{F} = \dfrac{1}{3}$,即 $F = \dfrac{1}{3}$,得到 $\left(1 + \dfrac{R_f}{R_{e1}}\right) \cdot \dfrac{1}{3} > 1$,即 R_f 和 R_{e1} 的关系应

为 $\dfrac{R_f}{R_{e1}} > 2$。

为了稳幅,R_f 可采用热敏电阻,其温度系数为负值。

例 7-2　一级 RC 高通或低通电路的最大相移绝对值小于 $90°$,试从相位平衡条件出发,判断图 7-7 所示电路哪个可能振荡,哪个不能,并简述理由。

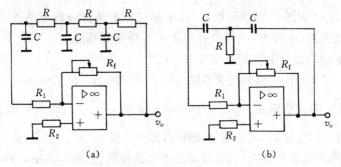

图 7-7　例 7-2 的电路

解　图 7-7(a)电路中,三级 RC 移相网络,最大相移可达 $270°$,可以证明,当 $f = f_0 \approx \dfrac{\sqrt{6}}{2\pi RC}$ 时可产生 $180°$ 的相移,即 $\varphi_F = 180°$;放大电路从反相端输入,输出与输入

反相,即 $\varphi_A = 180°$,则 $\varphi_A + \varphi_F = 360°$,满足公式(7-2)的相位平衡条件,电路能产生正弦波振荡。

图 7-7(b)电路中,$\varphi_A = 180°$;二级 RC 移相网络,最大相移可达 $180°$,而当 $\varphi_F = 180°$时,反馈输出信号已为零,故 $\varphi_A + \varphi_F \neq 360°$,不满足公式(7-2)的相位平衡条件,电路不能产生正弦波振荡。

例 7-3 设运放是理想的,试分析图 7-8 所示正弦波振荡电路:(1)为满足振荡条件,试在图中用"+""−"标出运放的同相端和反相端;(2)为能起振,R_P 和 R_2 两个电阻之和应大于何值?(3)试证明稳定振荡时输出电压的峰值为

$$V_{om} = \frac{3R_1}{2R_1 - R_P} V_Z$$

解 (1)图 7-8 所示电路是一个文氏电桥式振荡电路。根据表 7-2,当 $f = f_0 = \dfrac{1}{2\pi RC}$时,$\dot{F} = \dfrac{1}{3}$,即 $\varphi_F = 0$,则希望放大电路的相位移 φ_A 也为 0,才能满足公式(7-2)的相位平衡条件,$\varphi_A + \varphi_F = 0$,电路产生正弦波振荡。故 RC 选频网络引回的反馈应加在理想运放的同相端,即理想运放两输入端的极性为上"+"下"−"。

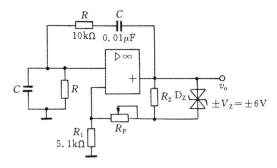

图 7-8 例 7-3 的电路

(2)起振条件是:$AF > 1$,而 $\dot{F} = \dfrac{1}{3}$,即 $F = \dfrac{1}{3}$,则要求 $A > 3$。

由于起振时信号幅度很小,稳压管 D_Z 不会导通,所以,$A = 1 + \dfrac{R_2 + R_P}{R_1}$。

要求 $A > 3$,即要求 $\dfrac{R_2 + R_P}{R_1} > 2$,$R_2 + R_P > 2R_1 = 2 \times 5.1 = 10.2\text{k}\Omega$。

(3)稳定振荡时,稳压管 D_Z 导通,R_2 两端电压大小为 V_Z。由于是理想运放,运放输入端的电流为 0,即 R_P 和 R_1 流过相同的电流,设该电流峰值为 I。

因为稳定振荡时 $AF = 1$,则 $A = 3$,即 $A = 1 + \dfrac{IR_P + V_Z}{IR_1} = 3$,而且输出电压的峰值

为 $V_{om} = V_z + I(R_p + R_1)$，经整理得 $V_{om} = \dfrac{3R_1}{2R_1 - R_p} V_z$，得证。

例 7-4 设图 7-9 所示电路中的 $A_1 \sim A_3$ 均为理想集成运放,试根据相位平衡条件,说明该电路有无可能产生正弦波振荡。若能产生振荡,试推导振荡频率 f_0 的关系式。

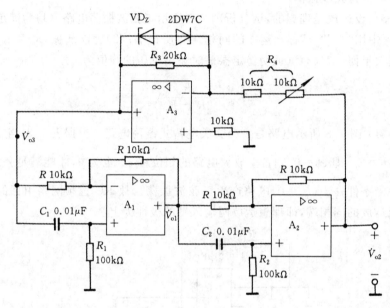

图 7-9 例 7-4 的电路

解 A_1, R, R_1, C_1 和 A_2, R, R_2, C_2 各组成一阶全通滤波电路(或称恒增益一阶有源移相电路,简称一阶有源移相电路),它们的移相范围均为 $180° \sim 0°$,两个移相电路串接起来,其移相范围为 $360° \sim 0°$。而 A_3 组成一个反相器,其移相为 $-180°$,故存在一个 f_0,可使 A_1, A_2, A_3 组成的环路总相位移为 $0°$,满足相位平衡条件,故该电路有可能产生正弦波振荡。

将 A_1, A_2 组成的电路视为 A_3 的反馈网络,则反馈系数为

$$\dot{F} = \frac{\dot{V}_{02}}{\dot{V}_{03}} = \frac{\dot{V}_{02}}{\dot{V}_{01}} \cdot \frac{\dot{V}_{01}}{\dot{V}_{03}}$$

$$= \left[-\frac{R}{R} + \left(1 + \frac{R}{R}\right) \frac{R_1}{R_1 + \dfrac{1}{j\omega C_1}} \right] \left[-\frac{R}{R} + \left(1 + \frac{R}{R}\right) \frac{R_2}{R_2 + \dfrac{1}{j\omega C_2}} \right]$$

$$= \left(-\frac{1 - j\omega R_1 C_1}{1 + j\omega R_1 C_1} \right) \left(-\frac{1 - j\omega R_2 C_2}{1 + j\omega R_2 C_2} \right)$$

$$= \frac{1-\left(\dfrac{\omega}{\omega_0}\right)^2 - \mathrm{j}\omega(R_1 C_1 + R_2 C_2)}{1-\left(\dfrac{\omega}{\omega_0}\right)^2 + \mathrm{j}\omega(R_1 C_1 + R_2 C_2)}$$

式中，$\omega_0 = \dfrac{1}{\sqrt{R_1 R_2 C_1 C_2}}$。当 $\omega = \omega_0$ 时，$\dot{F} = -1$，$\varphi_F = -180°$，而 $\varphi_A = -180°$，$\varphi_A + \varphi_F = 0°$，满足相位平衡条件，故

$$f_0 = \frac{\omega_0}{2\pi} = \frac{1}{2\pi\sqrt{R_1 R_2 C_1 C_2}}$$

例 7-5　试用相位平衡条件判断图 7-10 所示各电路能否振荡，说明理由。

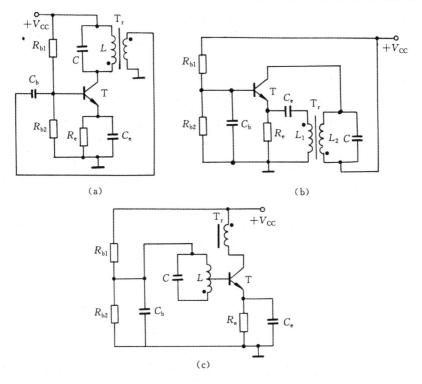

（a）　　　　　　　　　　　　（b）

（c）

图 7-10　例 7-5 的电路

解　图 7-10(a)，(b)，(c) 所示三个电路都是变压器反馈式 LC 正弦波振荡电路，它们分别为集电极调谐型、发射极调谐型、基极调谐型振荡器。其交流通路分别如图 7-11(a)，(b)，(c) 所示。用瞬时极性法判断各放大电路是否满足相位平衡条件。

图 7-10(a) 电路中，三极管 T 接成共射组态，假设在 T 的基极加入极性为"＋"的信号，由于 T 的集电极与基极反相，故集电极的极性为"－"。由于变压器原级与次

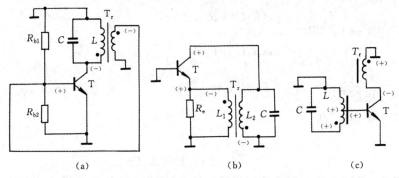

图 7-11　图 7-10 各电路的交流通路

级同名端的极性相同,变压器次级引回到 T 基极的反馈信号瞬时极性为"－",如图
7-11(a)所示。可见,$\varphi_A + \varphi_F \neq 2n\pi, n = 0, 1, 2, \cdots$,不满足相位平衡条件;电路不能
振荡。

　　图 7-10(b)电路中,三极管 T 接成共基组态,如图 7-11(b)所示。假设在 T 的发
射极加入极性为"＋"的信号,共基组态时 T 的集电极与发射极同相,故集电极的极
性为"＋",则变压器次级同名端"·"的极性为"－"。由于变压器原级与次级同名端
的极性相同,变压器次级引回到 T 发射极的反馈信号瞬时极性为"－",如图 7-11(b)
所示。可见,$\varphi_A + \varphi_F \neq 2n\pi, n = 0, 1, 2, \cdots$,不满足相位平衡条件,电路不能振荡。

　　图 7-10(c)电路中,三极管 T 接成共射组态,假设在 T 的基极加入极性为"＋"的
信号,则集电极的极性为"－",而变压器原级同名端"·"的极性为"＋"。变压器次级
L 的中心抽头接在 T 的基极。根据表 7-2 所述判断 L 三端瞬时极性的方法,变压器
次级 L 中心抽头的瞬时极性为"＋",即引回到 T 基极的反馈信号瞬时极性为"＋",
如图 7-11(c)所示。可见,$\varphi_A + \varphi_F = 2n\pi, n = 0, 1, 2, \cdots$,满足相位平衡条件,电路能
振荡。

　　例 7-6　试判断图 7-12 所示两个电路能否产生正弦波振荡。如有可能,写出振
荡频率表达式;如不能振荡,请加以改正,使之能够振荡。

　　解　图 7-12(a)电路属电容三点式振荡电路,根据表 7-2 所述三点式振荡电路
的特点,与双极型晶体管发射极相连的两个谐振回路元件,其电抗性质必须相同(同
为电容),其余的谐振回路元件其电抗性质必须与前两个相异(电感),因而满足相位
平衡条件,但由于发射极有耦合电容 C_e,反馈量将被短接至"地"。因此,该电路不能
振荡。

　　改正:去掉发射极与"地"之间的耦合电容 C_e。振荡频率为

$$f_0 = \frac{1}{2\pi \sqrt{LC}} = \frac{1}{2\pi \sqrt{L \dfrac{C_1 C_2}{C_1 + C_2}}}$$

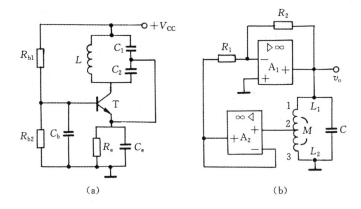

图 7-12 例 7-6 的电路

图 7-12(b)电路属电感三点式振荡电路,电路中有两个运算放大器,用瞬时极性法判断各放大电路是否满足相位平衡条件。假设在 A_2 的同相输入端加入极性为"+"的信号,如图 7-13 所示,则 A_2 输出端的极性为"+",它使 A_1 反相输入端的极性为"+",则 A_1 输出端的极性为"−"。根据表 7-2 所述判断 L 三端瞬时极性的方法:当某一端接地时,中间抽头和另一端的瞬时极性相同而与接地端相反,因而 L_2 上反馈信号的瞬时极性为"−"。反馈信号的瞬时极性与假设的 A_2 同相输入端加入的信号极性相反,故不满足相位平衡条件,该电路不能振荡。

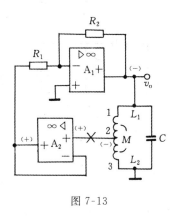

图 7-13

改正:将中心抽头 2 端接地,反馈信号从 3 端取出接至 A_2 的同相输入端。振荡频率为

$$f_0 = \frac{1}{2\pi\sqrt{LC}} = \frac{1}{2\pi\sqrt{(L_1+L_2+2M)C}}$$

例 7-7 试判断图 7-14 所示两个电路有无可能产生正弦波振荡,如有可能,指出它们是属于串联型还是并联型石英晶体振荡电路? 振荡时,石英晶体呈现为电阻性、电感性还是电容性? 如不能振荡,请加以改正,使之能够振荡(允许改变连线、更换元件,但要求尽可能简便,且元件总数不变),并说明改正后电路类型。图中 C_b 为旁路电容,RFC 为高频扼流圈。

解 图 7-14 所示两个电路的交流通路分别如图 7-15(a),(b)所示。

由交流通路可知,图 7-15(a)可能振荡,为并联型晶体振荡电路。振荡时,石英

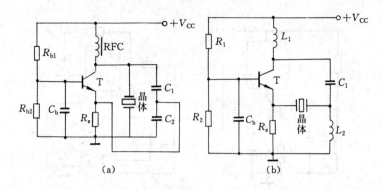

图 7-14　例 7-7 的电路

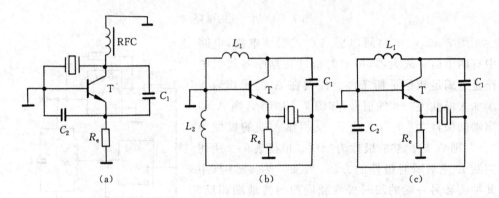

图 7-15　图 7-14 各电路的交流通路及更正电路

晶体呈电感性,构成电容三点式振荡电路。

　　图 7-15(b)不能振荡。将电感 L_2 换成电容,如图 7-15(c)所示,即可组成串联型晶体振荡电路。振荡时,石英晶体呈现为极小的纯电阻,构成电容三点式振荡电路。

　　例 7-8　一比较器电路如图 7-16 所示,设运放是理想的,$V_{REF}=-1V$,$V_Z=5V$。试求门限电压 V_{TH},画出比较器的传输特性 $v_o=f(v_i)$。

　　解　根据 7.1.2 部分第 1 点中门限电压的求法得

$$v_N=f_N(v_i,\ V_{REF},\ v_o)=\frac{R_1V_{REF}}{R_1+R_2}+\frac{R_2v_i}{R_1+R_2}$$

图 7-16 电路中 $v_P=0$,令 $v_N=v_P$,得到

$$V_{TH}=-\frac{R_1}{R_2}V_{REF}=-\frac{10}{10}\times(-1)=1V$$

当 $v_i>V_{TH}$ 时,$v_N>v_P$,$v_o=-V_Z$;

当 $v_i < V_{TH}$ 时，$v_N < v_P$，$v_o = +V_Z$。

得到比较器的传输特性 $v_o = f(v_i)$ 如图 7-16 所示。

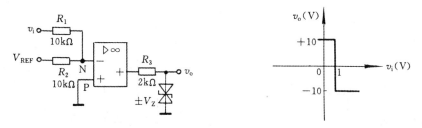

图 7-16 例 7-8 的电路   图 7-17 图 7-16 电路的传输特性 $v_o = f(v_i)$

例 7-9 在如图 7-18 所示电路中，已知 A 为理想运算放大器，$R_2 \ll R_1$，二极管导通电压 $V_D = 0.7V$。试求门限电压 V_{TH}，画出该电路的电压传输特性，并说明电路名称。

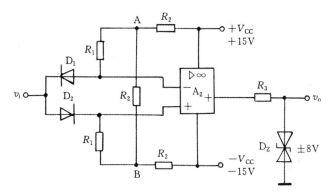

图 7-18 例 7-9 的电路

解 因为 $R_2 \ll R_1$

所以
$$V_A \approx V_{CC} - \frac{2V_{CC}}{3R_2} \times R_2 = 5V$$

$$V_B \approx -V_{CC} + \frac{2V_{CC}}{3R_2} \times R_2 = -5V$$

当 $v_i > V_A + V_D$ 时，$v_+ > v_-$，$v_o = +V_Z = 8V$；

当 $v_i < V_B - V_D$ 时，$v_+ > v_-$，$v_o = +V_Z = 8V$；

当 $V_B - V_D < v_i < V_A + V_D$ 时，$v_+ < v_-$，$v_o = -V_Z = -8V$。

故门限电压为
$$V_{TH1} = V_A + V_D = 5 + 0.7 = 5.7V$$

$$V_{TH2} = V_B - V_D = -5 - 0.7 = -5.7V$$

电路的电压传输特性如图 7-19 所示,电路名称为:窗口比较器(双限电压比较器)。

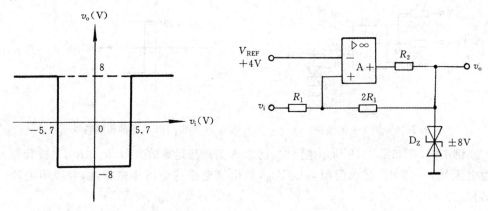

图 7-19　图 7-18 电路的传输特性　　　　　图 7-20　例 7-10 的电路

例 7-10　电路如图 7-20 所示,已知 A 为理想运算放大器。试求门限电压 V_{TH},画出该电路的电压传输特性。

解　根据 7.1.2 小节第 1 点中门限电压的求法,得

$$v_P = f_P(v_i, V_{REF}, v_o) = \frac{R_1 V_Z}{R_1 + 2R_1} + \frac{2R_1 v_i}{R_1 + 2R_1} = \frac{V_Z}{3} + \frac{2v_i}{3}$$

图 7-20 电路中 $v_N = V_{REF}$,令 $v_N = v_P$,得到

$$\frac{V_Z}{3} + \frac{2v_i}{3} = V_{REF}$$

整理为

$$v_i = \frac{1}{2}(3V_{REF} - V_Z)$$

故门限电压为

$$V_{T_+} = \frac{1}{2}(3 \times 4 + 8) = 10V$$

$$V_{T_-} = \frac{1}{2}(3 \times 4 - 8) = 2V$$

当 v_i 从最低到高变化到 V_{T_+} 时,输出 v_o 从 $-8V$ 跳变到 $+8V$;

当 v_i 从最高到低变化到 V_{T_-} 时,输出 v_o 从 $+8V$ 跳变到 $-8V$。

由此得到电压传输特性如图 7-21 所示。

例 7-11　图 7-22 所示迟滞电压比较器,要求其传输特性如图 7-23 所示。试确定 V_{REF},V_Z,R_1/R_2 的值。

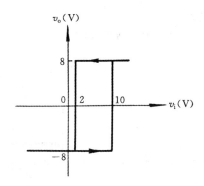

图 7-21 图 7-20 电路的传输特性 $v_o = f(v_i)$

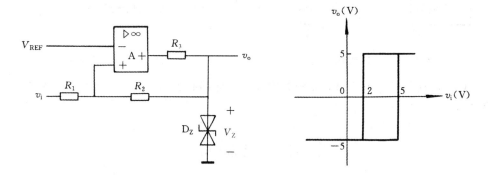

图 7-22 例 7-11 的电路

图 7-23 电路的传输特性 $v_o = f(v_i)$

解 由图 7-23,稳压管的稳压值 $V_Z = \pm 5V$。

由图 7-23,$V_{T+} = 5V$,$V_{T-} = 2V$

而 $v_P = f(v_i, v_o) = \dfrac{R_1 V_Z}{R_1 + R_2} + \dfrac{R_2 v_i}{R_1 + R_2}$,$v_N = V_{REF}$

整理得 $v_i = \left(\dfrac{R_1}{R_2} + 1\right) V_{REF} - \dfrac{R_1}{R_2} V_Z \rightarrow V_{T+} = \left(\dfrac{R_1}{R_2} + 1\right) V_{REF} + \dfrac{R_1}{R_2} \times 5$

$$V_{T-} = \left(\dfrac{R_1}{R_2} + 1\right) V_{REF} - \dfrac{R_1}{R_2} \times 5$$

解得 $\dfrac{R_1}{R_2} = 0.3$,$V_{REF} = 2.69V$。

例 7-12 在图 7-24 所示方波发生器中,已知 A 为理想运算放大器,其输出电压的最大值为 $\pm 12V$。试求解:

(1) 输出电压 v_o 的峰-峰值。

(2) 电容两端电压 v_C 的峰-峰值。

（3）输出电压 v_o 的周期。

解 （1）图 7-24 所示电路的工作波形如图 7-25 所示。输出电压 v_o 的峰-峰值为

$$2V_\mathrm{Z}=2\times6=12\mathrm{V}$$

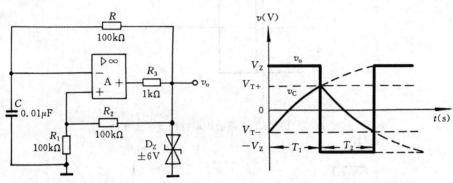

图 7-24　例 7-12 的电路　　　　　图 7-25　图 7-24 电路的工作波形

（2）根据 7.1.2 小节第 3 点中的方波产生电路有关内容，图 7-24 所示电路的门限电压为

$$V_{\mathrm{T}_+}=\frac{R_1}{R_1+R_2}V_\mathrm{Z}=\frac{100}{100+100}\times6=3\mathrm{V}$$

$$V_{\mathrm{T}_-}=\frac{R_1}{R_1+R_2}(-V_\mathrm{Z})=-3\mathrm{V}$$

当电容两端电压 v_C 由负到正变化到 V_{T_+} 时，运放的输出跳变到 $-V_\mathrm{Z}$；
当电容两端电压 v_C 由正到负变化到 V_{T_-} 时，运放的输出跳变到 $+V_\mathrm{Z}$。
因而电容两端电压 v_C 的峰-峰值为

$$V_{\mathrm{T}_+}-V_{\mathrm{T}_-}=3-(-3)=6\mathrm{V}$$

（3）输出电压 v_o 的周期 $T=$ 电容 C 充电时间 T_1+ 电容 C 放电时间 T_2
电容 C 充电时的初始值为 V_{T_-}，稳态值为 V_Z，时间常数为 RC，则

$$v_\mathrm{C}(t)=V_\mathrm{Z}+(V_{\mathrm{T}_-}-V_\mathrm{Z})\mathrm{e}^{-\frac{t}{RC}}$$

由（2）得

$$v_\mathrm{C}(T_1)=V_{\mathrm{T}_+}$$

解得

$$T_1=-RC\ln\frac{R_2}{2R_1+R_2}$$

电容 C 放电时的初始值为 V_{T_+}，稳态值为 V_Z，时间常数为 RC，则

$$v_C(t) = -V_Z + (V_{T_+} + V_Z)e^{-\frac{t}{RC}}$$

由（2）得
$$v_C(T_2) = V_{T_-}$$

解得

$$T_2 = -RC\ln\frac{R_2}{2R_1 + R_2}$$

输出电压 v_o 的周期为

$$T = T_1 + T_2 = -2RC\ln\frac{R_2}{2R_1 + R_2} = 2RC\ln\left(1 + 2\frac{R_1}{R_2}\right)$$

$$= 2\times100\times0.01\times\ln\left(1 + 2\times\frac{100}{100}\right) \approx 2.2\text{ms}$$

例 7-13 在图 7-26 所示的锯齿波-方波发生器中，已知 A_1，A_2 均为理想运算放大器，其输出电压的两个极限值为 $\pm12\text{V}$；二极管的正向导通电压可忽略不计；电位器的的滑动端在最上边；设振荡周期为 T，一个周期内 v_{o2} 为高电平的时间为 T_1，占空比 $= T_1/T$。

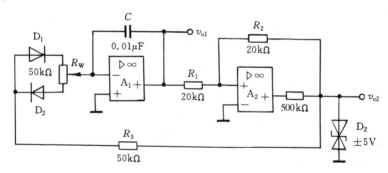

图 7-26 例 7-13 的电路

（1）求解振荡周期 T。

（2）画出 v_{o1} 与 v_{o2} 的波形图，并标出它们的上限值、下限值和 T_1 的值。

（3）求解电位器的滑动端从最上边移到最下边时，占空比的变化范围。

解 （1）根据 7.1.2 小节第 3 点中的三角波产生电路有关内容，图 7-26 所示电路的门限电压为

$$V_{T_+} = \frac{R_1}{R_2}V_Z = \frac{20}{20}\times5 = 5\text{V}, \quad V_{T_-} = -\frac{R_1}{R_2}V_Z = -5\text{V}$$

v_{o1}，v_{o2} 的波形图如图 7-27 所示。

$v_{o2} = +V_Z$ 期间，电容 C 通过 R_3，D_1 及上部 R_W 充电，经过 T_1 时间 v_{o1} 由 V_{T_+} 变化到 V_{T_-}，故

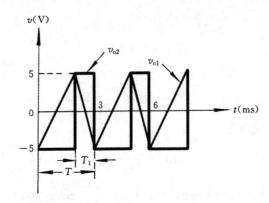

图 7-27　图 7-26 电路的工作波形

$$\frac{V_Z}{R_3+R_{W\!\pm}} \cdot \frac{1}{C} \cdot T_1 = V_{T_+} - V_{T_-} = 2\frac{R_1}{R_2}V_Z$$

式中用 $R_{W\!\pm}$ 表示 R_W 的滑动端上部电阻(后面用 $R_{W\!\mp}$ 表示其下部电阻)

解得　　　　　　　　　　　　$T_1 = 2\frac{R_1}{R_2}(R_3+R_{W\!\pm})C$

$v_{o2} = -V_Z$ 期间,电容 C 通过 R_3,D_2 及 R_W 下部充电,经过 T_2 时间 v_{o1} 由 V_{T_-} 变化到 V_{T_+},故

$$\frac{V_Z}{R_3+R_{W\!\mp}} \cdot \frac{1}{C} \cdot T_2 = V_{T_+} - V_{T_-} = 2\frac{R_1}{R_2}V_Z$$

解得　　　　　　　　　　　　$T_2 = 2\frac{R_1}{R_2}(R_3+R_{W\!\mp})C$

输出三角波的振荡周期为

$$T = T_1 + T_2 = 2\frac{R_1}{R_2}(2R_3+R_{W\!\pm}+R_{W\!\mp})C = 2\frac{R_1}{R_2}(2R_3+R_W)C$$

$$= 2\times\frac{20}{20}\times(2\times50+50)\times0.01 = 3\text{ms}$$

(2) v_{o1} 与 v_{o2} 的波形图如图 7-27 所示。

(3) 占空比 $= \dfrac{T_1}{T} = \dfrac{2\dfrac{R_1}{R_2}(R_3+R_{W\!\pm})C}{2\dfrac{R_1}{R_2}(2R_3+R_W)C} = \dfrac{R_3+R_{W\!\pm}}{2R_3+R_W}$

电位器的滑动端从最上边移到最下边时,$R_{W\!\pm}$ 由 0 变化到 R_W,故占空比的变化范围是

$$\frac{R_3}{2R_3+R_W} \sim \frac{R_3+R_W}{2R_3+R_W} \quad 即 \quad \frac{1}{3} \sim \frac{2}{3}$$

7.4 习题及答案

习 题

1. 选择填空。

(1) 利用正反馈产生正弦波振荡的电路,其组成主要是_____。

A. 放大电路、反馈网络

B. 放大电路、反馈网络、选频网络

C. 放大电路、反馈网络、稳频网络

(2) 为了保证正弦波振荡幅值稳定且波形较好,通常还需要引入_____环节。

A. 微调   B. 屏蔽   C. 限幅   D. 稳幅

2. 试判断下列说法是否正确,正确的在括号中画"√",否则画"×"。

(1) 正弦波振荡电路自行起振条件是 $|\dot{A}\dot{F}|>1$。(   )

(2) 正弦波振荡电路维持振荡条件是 $|\dot{A}\dot{F}|=1$。(   )

(3) 在正弦波振荡电路中,只允许引入正反馈,不允许引入负反馈。(   )

(4) 在放大电路中,为了提高输入电阻,只允许引入负反馈,不允许引入正反馈。(   )

(5) 在放大电路中,若引入了负反馈,又引入了正反馈,就有可能产生自激振荡。(   )

3. 欲使题图 7-3 所示电路有可能产生正弦波振荡,试根据相位平衡条件,用"＋""－"分别标出集成运放 A 的同相输入端和反向输入端。

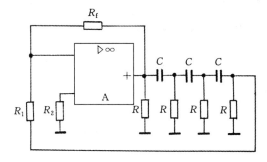

题图 7-3

4. RC 移相式正弦波振荡电路如题图 7-4 所示。设 A 为集成运放,$R_1=R_2=R,C_1=C_2=C$,$R_3=10\text{k}\Omega$,试分析欲能起振,R_4 阻值有无限制? 若有,其极限阻值是多少?

5. 正弦波振荡电路如题图 7-5 所示。设 A 为理想集成运放,$R_2=1.5\text{k}\Omega$,又知在电路振荡稳定时流过 R_1 的电流 $I_{Rf}=0.6\text{mA}$(有效值)。试求:

(1) 输出电压 V_o(有效值)。

(2) 电阻 R_1。

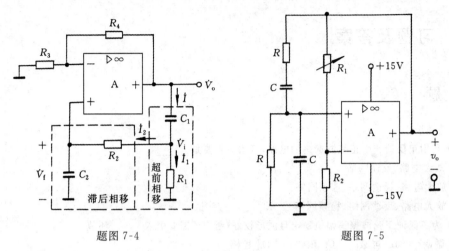

題图 7-4　　　　　　　　　　　　　　題图 7-5

6. 文氏电桥 RC 正弦波振荡电路如題图 7-6 所示。设 A 为理想集成运放,二极管正向电压 $V_D=0.7$,电阻 $R_2=6.6\text{k}\Omega$,$R_f=4.29\text{k}\Omega$。现要求稳定振荡时输出电压峰值 $V_{om}=3\text{V}$,试问电阻 R_1 应选多大?

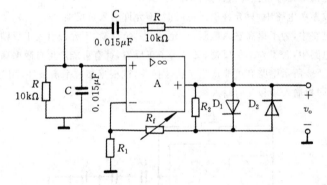

題图 7-6

7. 正弦波振荡电路如題图 7-7 所示。

(1) 为保证电路正常工作,则结点 A,B,C,D 该如何连接?

(2) R_1 应选多大才能起振?

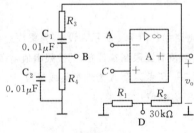

題图 7-7

（3）若要求振荡频率为 1kHz，则 R_3，R_4 的取值应为多少？

8. 正弦波振荡电路如题图 7-8 所示。已知 $R_1 = R_2 = R = 10\text{k}\Omega$，$C_1 = C_2 = C = 0.02\mu\text{F}$。试回答下列问题：

（1）振荡频率 $f_0 \approx$？（忽略放大电路对选频网络的影响）

（2）为满足起振的幅值条件，应如何选择 R_{e1} 的阻值？

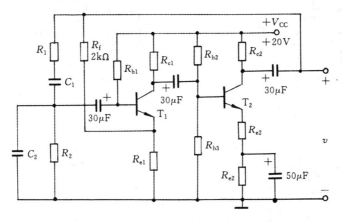

题图 7-8

9. 要使题图 7-9 所示两电路能够产生正弦波振荡，请在图中用圆点"·"标注变压器原、副绕组中另一个同名端。

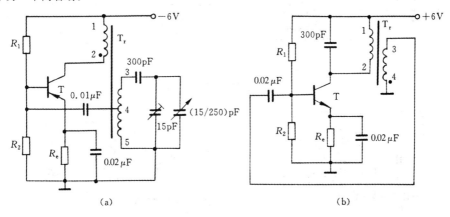

（a）　　　　　　　　　　　　　　（b）

题图 7-9

10. 试用相位条件判断题图 7-10 所示电路是否可能产生正弦波振荡，如不满足相位条件，请加以改正使之有可能产生正弦波振荡。

11. 试判断题图 7-11 所示两个电路能否产生正弦波振荡，若不能，简述理由；若能，属于哪种类型电路，并写出振荡频率 f_0 的近似表达式。设 A 均为理想运放。

12. 试画出题图 7-12 所示中两个电路的交流通路，并判断它们是否满足正弦波振荡的相位平

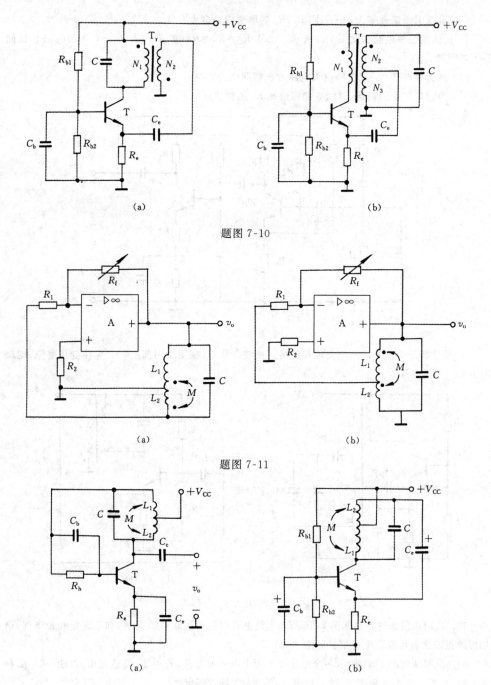

题图 7-10

题图 7-11

题图 7-12

衡条件。如不满足,请加以改正;如满足,它们属于哪种类型的 LC 正弦波振荡器,并写出振荡频率 f_0 近似表达式,设电容 C_b,C_e,C_c 对交流均可视为短路。

13. 试将题图 7-13 所示电路中各点正确连接,使之成为正弦波振荡电路,并指出该电路的类型,设 C_b,C_e 对交流短路。

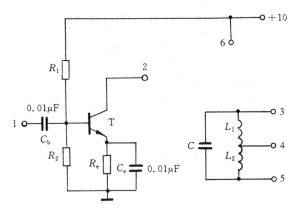

题图 7-13

14. 试用相位平衡条件,判断题图 7-14 所示各交流通路,可能产生正弦波振荡的电路有哪些,它们属哪种类型的振荡电路?

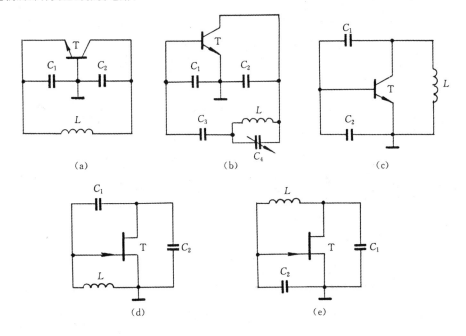

题图 7-14

15. 电容三点式 LC 正弦波振荡电路如题图 7-15 所示。已知 $L=50\text{mH}$,$C_2=100\text{pF}$,若要求其振荡频率 $f_0=100\text{kHz}$,试问电容 C_1 应选多大? 设放大电路对谐振回路的负载效应可以忽略。

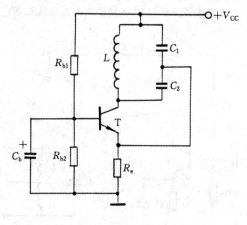

题图 7-15

16. 试检查题图 7-16 所示 LC 正弦波振荡电路是否有错误? 如果有,请指出错误,并在图上予以改正,写出改正后电路反馈系数 F 和振荡频率 f_0 的近似表达式。

17. 欲使题图 7-17 所示电路有可能产生正弦波振荡,请用"$+$""$-$"号分别标出集成运放 A 的同相输入端和反相输入端。

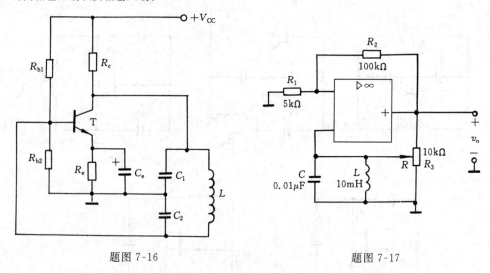

题图 7-16　　　　　　　　　　　题图 7-17

18. 若石英晶体中的等效电感,动态电容及静态电容分别用 L,C 及 C_0 表示,则在其损耗电阻 $R\approx0$ 时,石英晶体的串联谐振频率 $f_s=\dfrac{1}{2\pi\sqrt{LC}}$,并联谐振频率 $f_p=\dfrac{1}{2\pi\sqrt{L\dfrac{CC_0}{C+C_0}}}$。试就下列问题选择正确答案填空。

(1) 当石英晶体作为正弦波振荡电路的一部分时,其工作频率范围是_____。

A. $f<f_s$　　B. $f_s \leqslant f<f_p$　　C. $f>f_p$

(2) 在串联型石英晶体正弦波振荡电路中,晶体等效为_____,而在并联型石英晶体正弦波振荡电路中,晶体等效为_____。

A. 电感　　　B. 电容　　C. 电阻

(3) 石英晶体正弦波振荡电路的振荡频率 f_0 基本上取决于_____。

A. 电路中电抗元件的相移性质

B. 石英晶体的谐振频率

C. 放大电路的增益

(4) 有人在石英晶体两端并联一个小电容,其目的是_____。

A. 使 f_p 与 f_s 更接近　　B. 使 f_p 与 f_s 更远离

19. 试判断题图 7-19 所示两个电路有无可能产生正弦波振荡,如有可能,请指出它们是属于串联型还是并联型石英晶体振荡电路? 振荡时石英晶体呈现电阻性、电感性还是电容性? 如不能振荡,简述理由,并加以改正。图中,C_b,C_e 为旁路电容,C_c 为耦合电容,RFC 为高频扼流圈。

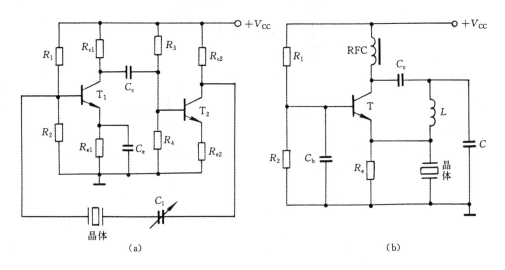

题图 7-19

20. 电路如题图 7-20(a)所示,其输入电压的波形如题图 7-20(b)所示,已知输出电压 v_o 的最大值为 $\pm 10V$,运放是理想的,试画出输出电压 v_o 的波形。

21. 在题图 7-21 所示电路中,已知 A_1,A_2 均为理想运算放大器,其输出电压的两个极限值为 $\pm 12V$;稳压管和二极管的正向导通电压均为 0.7V。试画出该电路的电压传输特性。

22. 迟滞比较器的电路与电压传输特性如题图 7-22 所示,试确定 V_{REF} 及 $\dfrac{R_1}{R_2}$ 的值。

23. 电路如题图 7-23 所示,设 $A_1 \sim A_3$ 都是理想运放,电容 C 上的初始电压 $V_C(0)=0V$。若 v_i 是 0.11V 的阶跃信号,求信号加上后 1s,v_{o1},v_{o2},v_{o3} 所达到的数值。

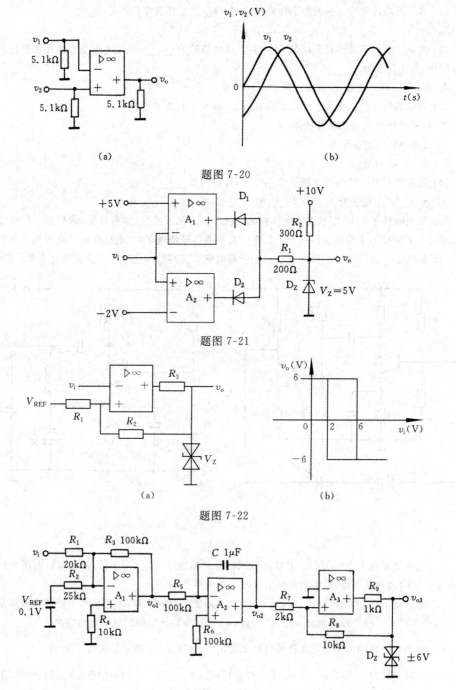

题图 7-20

题图 7-21

题图 7-22

题图 7-23

24. 题图 7-24(a)所示为矩形波发生器,已知 A 为理想运算放大器,其输出电压的最大值为
±12V;二极管的伏安特性如图(b)所示。试求解:

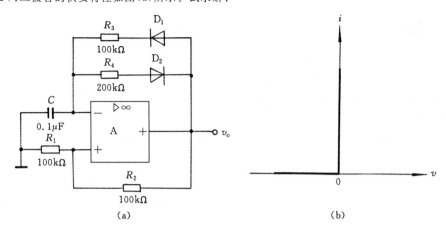

(a)   (b)

题图 7-24

(1) 输出电压 v_o 的峰-峰值。

(2) 电容两端电压 v_C 的峰-峰值。

(3) 输出电压 v_o 的周期。

25. 在题图 7-25 所示三角波发生器中,已知 A_1,A_2 均为理想运算放大器,其输出电压的两个
极限值为 ±12V。设振荡周期为 T,一个周期内 v_{o1} 为高电平的时间为 T_1,占空比 $= T_1/T$。选择填
空:判断由于什么原因使输出电压 v_{o1} 或 v_o 产生变化。可能出现的原因有:

A. R_{W2} 的滑动端上移   B. R_{W2} 的滑动端下移

C. R_{W1} 的滑动端右移   D. R_{W1} 的滑动端左移

E. R 增大   F. C 增大

G. C 减小   H. V_Z 增大

(1) v_o 频率减小。(   )

(2) v_o 幅值增大。(   )

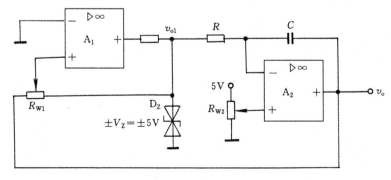

题图 7-25

(3) v_{o1} 幅值增大。( )

(4) v_{o1} 占空比增大。( )

答　案

1. (1) B　　(2) D
2. (1) √　　(2) √　　(3) ×　　(4) ×　　(5) √
3. 上"一"、下"+"(分析:$\varphi_F = 0° \sim 270°$,欲使 $\varphi_A + \varphi_F = 0°$,要求 $\varphi_A = -180°$,故 A 上"一"下"+")
4. 列方程组:

$$\dot{I} = (\dot{V}_o - \dot{V}_1)sC_1$$

$$\dot{I}_1 = \frac{\dot{V}_1}{R_1}$$

$$\dot{I}_2 = \dot{V}_f sC_2$$

$$\dot{I} = \dot{I}_1 + \dot{I}_2$$

$$\dot{V}_1 = \dot{V}_f(1 + sR_2C_2)$$

联解方程组得

$$\dot{F} = \frac{\dot{V}_f}{\dot{V}_o} = \frac{j\omega R_1 C_1}{(1 - \omega^2 R_1 C_1 R_2 C_2) + j\omega(R_1 C_1 + R_2 C_2 + R_1 C_2)}$$

令上式分母实部为零得

$$\omega_0 = \frac{1}{\sqrt{R_1 C_1 R_2 C_2}} = \frac{1}{RC}, \quad f_0 = \frac{1}{2\pi RC}$$

$\omega = \omega_0$ 时,$|\dot{F}| = \dfrac{R_1 C_1}{R_1 C_1 + R_2 C_2 + R_1 C_2} = \dfrac{1}{3}$

$|\dot{A}\dot{F}| > 1$,$|\dot{A}| = 1 + \dfrac{R_4}{R_3}$

故 $R_4 > 2R_3 = 20\text{k}\Omega$

5. (1) $V_- = I_{Rf} \cdot R_2 = V_+ = \dfrac{1}{3}V_o$,故 $V_o = 3I_{Rf} \cdot R_2 = 2.7\text{V}$

(2) $V_D = I_{Rf}(R_1 + R_2)$,故 $R_1 = 3\text{k}\Omega$

6. $R_1 = 3.3\text{k}\Omega$

分析:当 $v_o = V_{om} = 3\text{V}$ 时,

$$V_- = V_+ = \frac{1}{3}V_{om} = 1\text{V}$$

$$V_D + V_{Rf} = \frac{2}{3}V_{om} = 2\text{V}$$

$$V_{Rf} = \frac{V_-}{R_1} \cdot R_f = \frac{R_f}{3R_1}V_{om} = \frac{4.29}{R_1}$$

$$0.7 + \frac{4.29}{R_1} = \frac{2}{3}V_{om} = 2\text{V}$$

解得 $R_1 = 3.3\text{k}\Omega$

7. (1) A 与 D,C 与 B 连接

(2) 起振的幅值条件:$A = 1 + \dfrac{R_2}{R_1} > 3 \rightarrow R_1 < \dfrac{R_2}{2}$,即 $R_1 < 15\text{k}\Omega$

(3) $f = \dfrac{1}{2\pi RC}$,$C_1 = C_2$,故 $R_3 = R_4 = \dfrac{1}{2\pi Cf} = \dfrac{1}{2\pi \times 0.01 \times 10^{-6} \times 10^3} = 1.59 \times 10^4 \, \Omega$

8. (1) $f_0 \approx \dfrac{1}{2\pi RC} \approx 796\text{Hz}$(或 800Hz)

(2) 设放大电路为深度负反馈,则有 $|\dot{A}_v| \approx 1 + \dfrac{R_f}{R_{e1}} > 3$,故 $R_{e1} < 1\text{k}\Omega$。

9. 图(a):5 端(图略)   图(b):2 端(图略)

10. 图(a):相位条件满足,有可能产生正弦波振荡。

图(b):变压器原、副边线圈同名端有错误,不满足相位条件,故不能产生正弦波振荡,应将 N_1 同名端"·"改画在 N_1 线圈的下端。

11. 图(a):满足相位平衡条件,能振荡,为电感三点式。

$$f_0 \approx \dfrac{1}{2\pi \sqrt{C(L_1 + L_2 + 2M)}}$$

图(b):不满足相位平衡条件,不能振荡。

12. 图(a)的交流通路如答图 7-12(1)所示,电感线圈抽头与 e 极交流等电位,两端分别与 c 极、b 极交流等电位,满足正弦波振荡的相位平衡条件,为电感三点式电路。其振荡频率为

$$f_0 \approx \dfrac{1}{2\pi \sqrt{C(L_1 + L_2 + 2M)}}$$

图(b)的交流通路如答图 7-12(2)所示,不满足正弦波振荡的相位平衡条件,改正后的电路如答图 7-12(3)所示。

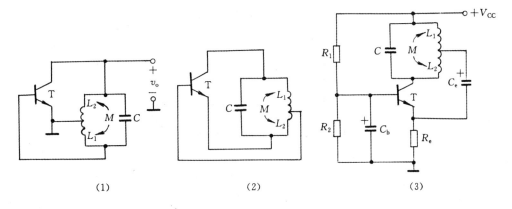

答图 7-12

13. 4 端接 6 端,2 端接 3 端、1 端接 5 端(或 4 端接 6 端,2 端接 5 端,1 端接 3 端);为电感三点式

　　LC 正弦波振荡电路。

14. 满足相位平衡条件有可能产生正弦波振荡的有题图 7-14(b)和(e),其他都不能。

　　题图 7-14(b):电容三点式改进型(西勒)振荡电路。

　　题图 7-14(e):电容三点式振荡电路。

15. $f_0 = \dfrac{1}{2\pi\sqrt{L\dfrac{C_1 C_2}{C_1 + C_2}}}$

　　代入已知数据,求得:$C_1 = 100\text{pF}$

16. 在直流通路中,电感线圈 L 将晶体管的 c,b 两极短路,使其不能放大。应在 c 极与谐振回路之间或 b 极与谐振回路之间串接一个隔直电容。

$$\dot{F} \approx \frac{C_1}{C_1 + C_2}, \qquad f_0 \approx \frac{1}{2\pi\sqrt{L \cdot \dfrac{C_1 C_2}{C_1 + C_2}}}$$

17. 上"−"下"+"

18. (1) B　　(2) C,A　　(3) B　　(4) A

19. 两个电路都可能振荡。图(a)为串联型,振荡时,晶体呈电阻性;

　　图(b)为并联型,振荡时晶体呈电感性,构成电感三点式振荡电路。

20.

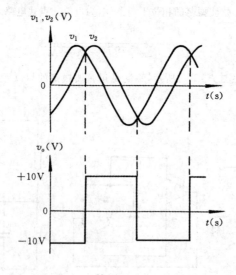

答图 7-20

21. 当 $v_i > 5V$ 时,A_1 输出 $-12V$,D_1,D_Z 正向导通,$v_o = -0.7V$;当 $v_i < -2V$ 时,A_2 输出 $-12V$,D_1 与 D_Z 正向导通,$v_o = -0.7V$;当 $-2V < v_i < 5V$ 时,D_1,D_2 均截止,$v_o = V_Z = 5V$。

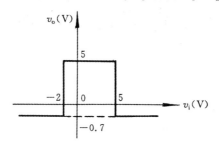

答图 7-21

22. $V_{REF} = 6V$,$R_1/R_2 = 0.5$

23. A_1 构成反相求和运算电路,$v_{o1} = -\dfrac{R_3}{R_1} v_i - \dfrac{R_3}{R_2} V_{REF} = -0.15V$

A_2 构成反相积分运算电路,$v_{o2} = -\dfrac{1}{R_5 C} v_{o1} t + V_C(0) = 1.5V$

A_3 构成同相输入迟滞比较器,门限电压 $V_{T_+} = 1.2V$,$V_{T_-} = -1.2V$,故 $v_{o3} = +6V$

24. (1) $V_{oPP} = 2V_{omax} = 24V$

(2) $V_{CPP} = 2V_T = 2\dfrac{R_1}{R_1 + R_2} V_{oM} = 12V$

(3) $T = (\tau_1 + \tau_2)\ln\left(1 + \dfrac{2R_1}{R_2}\right) = (R_3 + R_4)C\ln\left(1 + \dfrac{2R_1}{R_2}\right) \approx 33\text{ms}$

25. (1) $T_1 = \dfrac{RC}{V_Z - \dfrac{R_{W2下}}{R_{W2}} \cdot 5} \cdot 2V_{T_+}$, $T_2 = \dfrac{RC}{V_Z + \dfrac{R_{W2下}}{R_{W2}} \cdot 5} \cdot 2V_{T_+}$

$T = T_1 + T_2 = \dfrac{RC \cdot 2V_Z}{V_Z^2 - \left(\dfrac{R_{W2下}}{R_{W2}} \cdot 5\right)^2} \cdot 2\dfrac{R_{W1左}}{R_{W1右}} \cdot V_Z$ A,C,E,F

(2) v_o 幅值为:$v_{opp} = V_{T_+} - V_{T_-} = 2 \cdot \dfrac{R_{W1左}}{R_{W1右}} \cdot V_Z$ C,H

(3) v_{o1} 幅值为:$v_{o1pp} = 2V_Z$ H

(4) v_{o1} 占空比 $= \dfrac{T_1}{T} = \dfrac{V_Z + \dfrac{R_{W2下}}{R_{W2}}}{2V_Z}$ A

8　直流稳压电源

8.1　理论要点

在电子电路中,通常都需要直流稳压电源提供电压稳定的直流电能。本章籍小功率直流稳压电源的内容使读者理解整流、滤波、稳压的概念及原理。小功率直流稳压电源由电源变压器、整流电路、滤波电路和稳压电路四部分组成,如图 8-1 所示。

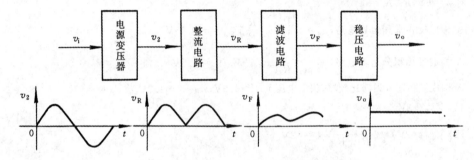

图 8-1　直流稳压电源组成框图和工作波形图

近年来,开关电源发展很快,开关电源以其功耗低、效率高、体积小、重量轻、对电网的谐波污染小等优点获得了广泛的应用。本章在介绍传统的直流稳压电源的基础上介绍开关电源的概念,并在例 8-9、例 8-10 中对开关电源的工作过程进行了详细分析,同时,习题 19、习题 20 也反映了开关电源的内容。

8.1.1　电源变压器

电源变压器将交流电网电压变为与直流电压相适应的电压值 v_2,$v_2 = \sqrt{2}V_2\sin\omega t\,V$。

8.1.2　整流电路

整流电路利用整流二极管的单向导电性,将正负交替的交流电变换为单向脉动的直流电。小功率整流电路有单相半波、单相全波、单相桥式整流电路等,它们的电路形式、工作波形及性能参数如表 8-1 所示。另外还有倍压整流电路。

表 8-1   常见整流电路

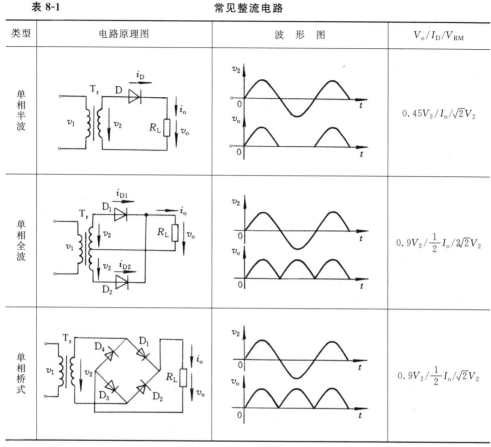

类型	电路原理图	波 形 图	$V_o/I_D/V_{RM}$
单相半波			$0.45V_2/I_o/\sqrt{2}V_2$
单相全波			$0.9V_2/\frac{1}{2}I_o/2\sqrt{2}V_2$
单相桥式			$0.9V_2/\frac{1}{2}I_o/\sqrt{2}V_2$

注: V_o—整流输出电压平均值;I_o—整流输出电流平均值;I_D—整流二极管电流平均值;V_{RM}—二极管承受的最高反向电压;V_2—变压器副绕组电压有效值。

8.1.3 滤波电路

整流输出电压中含有直流分量和交流分量,直流负载只需要直流分量,不需要交流分量,故采用滤波电路滤除整流输出中含有的交流分量(即各次谐波)。利用电容"通交隔直"的特性,将电容与负载电阻并联,组成电容滤波电路;或利用电感"通直隔交"的特性,将电抗与负载电阻串联,组成电感滤波电路;或由电容、电感等组合成各种复式滤波电路。

采用电容 C 与负载电阻 R_L 并联进行滤波时,当 C 的参数满足

$$\tau_d = R_L C \geqslant (3\sim5)\frac{T}{2}$$

时,单相半波整流电容滤波输出电压平均值取

$$V_o = V_2$$

单相全波(桥式)整流电容滤波输出电压平均值取

$$V_o = 1.2V_2$$

式中　R_L——负载电阻;

　　　C——滤波电容;

　　　τ_d——电容放电时间常数;

　　　T——交流电源电压的周期。

8.1.4　稳压电路

在电网电压波动、负载或温度变化时,整流、滤波电路的输出电压会跟着变化,稳压电路的作用是维持输出电压的稳定。稳压电路分为两种类型:并联型稳压,如硅稳压二极管稳压电路、并联型开关稳压电路;串联型稳压,有分立元件稳压电路、集成块稳压电路以及串联型开关稳压电路。

1. 稳压二极管稳压电路

稳压二极管组成的稳压电路如图 8-2 所示。利用稳压管所起的电流调节作用,通过限流电阻 R 上电流和电压的变化进行补偿,来达到稳压的目的。

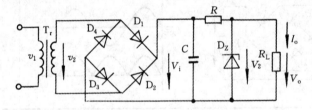

图 8-2　稳压二极管稳压电路

输出电压即为稳压管的稳定电压:

$$V_o = V_Z$$

限流电阻 R 的参数及功耗按照下式进行选择:

$$\frac{V_{imin} - V_Z}{I_{Zmin} + I_{omax}} > R > \frac{V_{imax} - V_Z}{I_{Zmax} + I_{omin}}$$

$$P_R = (2 \sim 3)\frac{(V_{imax} - V_Z)^2}{R}$$

式中　V_{imin} 和 V_{imax}——分别为图 8-2 中滤波输出电压最小值和最大值;

　　　I_{omin} 和 I_{omax}——分别为负载电流的最小值和最大值;

　　　I_{Zmin} 和 I_{Zmax}——分别为稳压管的最小和最大稳定电流。

隐压管稳压电路结构简单,但输出电压取决于V_Z且不可调节,受稳压管自身参数的限制,其输出电流较小,故只适用于负载电流较小、负载电压不变的场合。

2. 采用运算放大器的串联型稳压电路

电路如图 8-3 所示。

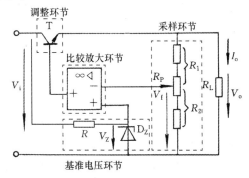

图 8-3　采用运算放大器的串联型稳压电路

该电路由采样环节、基准电压环节、比较放大环节、调整环节四部分组成。此外,为保证调整管的安全工作,通常还设有保护电路。由于调整环节与负载的联接方式为串联,故名串联型稳压电路。串联型稳压电路稳压的原理,实质上是引入了深度电压串联负反馈。当电网电压变化或负载变化时,稳压过程如下:

电网电压升高:$V_i \uparrow \rightarrow V_o \uparrow \rightarrow V_f \uparrow$($V_Z$ 固定)$\rightarrow V_B \downarrow \rightarrow V_o \downarrow$

负载电阻减小:$R_L \downarrow \rightarrow V_o \downarrow \rightarrow V_f \downarrow$($V_Z$ 固定)$\rightarrow V_B \uparrow \rightarrow V_o \uparrow$

由于深度负反馈的作用,运算放大器工作在线性区,具有虚短和虚断的特征,故输出电压为

$$V_o \approx V_Z\left(1+\frac{R_1}{R_2}\right)$$

串联型稳压电路具有结构简单、调节方便、输出电压稳定性强等优点,但由于调整管 T 工作在线性区(即放大区),故功耗大、效率低(效率仅为 30%～40%)。

3. 三端集成稳压器

三端集成稳压器是串联型稳压器的集成电路形式,有输入端、输出端、公共端三个端子。

如图 8-4 所示,W78×× 系列输出固定的正电压,W79×× 系列输出固定的负电压。

由图 8-4 可知,三端集成稳压器的管脚 1 电位最高,管脚 3 电位最低。

图 8-4 中电容 C_i、C_o 的作用是防止电路产生自激振荡以及消弱电路的高频噪声。

4. 开关稳压电源

详见例 8-9、例 8-10。开关稳压电路中的调整管工作在开关状态,故此得名。

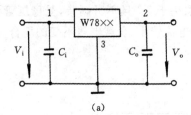 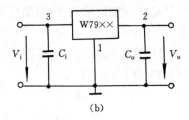

（a）　　　　　　　　　　　　　（b）

图 8-4　三端集成稳压器

开关稳压电路用于中大功率稳压电源。

实际上,图 8-1 所示的直流稳压电源的组成中,整流变压器因工作于工频条件下而体积大、重量大、损耗大,并且经二级管整流、电容滤波后,交流电源提供的电流为非正弦波形(产生了畸变),含有大量谐波,对电网造成严重的谐波污染。现代直流稳压电源已基本摒弃了这种结构,而采用低功耗、体积小、重量轻的方案。

模拟电子技术课程中介绍图 8-1 所示的直流稳压电源,目的是使读者理解整流、滤波、稳压的概念。

8.2　基本要求

（1）重点掌握单相桥式整流电路中二极管的导通和截止的工作过程,同时了解单相半波、全波整流电路特点。掌握各种整流电路中 V_o, I_D, V_{RM} 等电量的计算。

（2）正确理解电容滤波电路工作原理。

（3）熟练掌握各种稳压电路的工作原理及输出电压的计算。

（4）一般了解开关稳压电路。

8.3　典型例题

例 8-1　在图 8-5 所示半波整流电路中,已知变压器内阻和二极管正向电阻均可忽略不计,$R_L = 200 \sim 500\,\Omega$,输出电压平均值 $V_o \approx 10\text{V}$。

（1）变压器次级电压有效值 $V_2 \approx$？

（2）考虑到电网电压波动范围为 $\pm 10\%$,二极管的最大整流平均电流 I_D 至少应取多少?

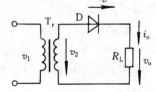

图 8-5　半波整流电路

解　（1）半波整流电路中,$V_o = 0.45 V_2$,故

$$V_2 = \frac{V_o}{0.45} \approx \frac{10}{0.45} \approx 22.2\text{V}$$

（2）二极管的平均电流 $I_D = I_o$，$I_o = V_o/R_L = 0.45 V_2/R_L$，当电网电压波动时，$V_2$ 及 V_o 跟着波动。电网电压最大、R_L 最小时，I_D 最大，所以二极管的最大整流平均电流为

$$I_o = 1.1 \frac{V_o}{R_{L\min}} = 1.1 \times \frac{10}{200} = 55\text{mA}$$

例 8-2　已知在图 8-6 所示电路中所标注的电压均为交流有效值，现将一纯电阻负载接入电路不同的位置，测得其平均电压的数值分别为：（1）18V；（2）36V。

试问，上述两个电压值是负载电阻分别接在哪两点之间？要求答出所有可能的情况。

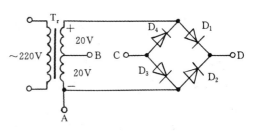

图 8-6　例 8-2 电路

解　（1）18V $= 0.45 \times 40 = 0.9 \times 20$V，是一个 $V_2 = 40$V 的半波整流输出或 $V_2 = 20$V 的双半波整流输出。

若负载电阻接在 A，C 两点之间，则 40V 电源通过 D_4 构成半波整流电路。

若负载电阻接在 A，D 两点之间，则 40V 电源通过 D_1 构成半波整流电路。

若负载电阻接在 B，C 两点之间，则两个 20V 电源通过 D_3，D_4 构成双半波整流电路。

若负载电阻接在 B，D 两点之间，则两个 20V 电源通过 D_1，D_2 构成双半波整流电路；因此，负载电阻可能接在 A 与 C 之间，A 与 D 之间，B 与 C 之间，B 与 D 之间。

（2）36V $= 0.9 \times 40$V，是一个 $V_2 = 40$V 的桥式（或双半波）整流输出，负载电阻只能接在 C，D 之间。

例 8-3　如图 8-7 所示整流滤波电路，希望输出电压平均值 $V_o = 24$V。指出图中有哪些错误及不妥之处。

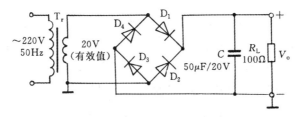

图 8-7　例 8-3 电路

解　错误之处：

（1）D_3 接反，D_3 与 D_4 在变压器次级电压的负半周将电源短路。

（2）变压器次级不应接地，两个接地点将 D_3 短路，使得 D_4 在变压器次级电压的

负半周将电源短路。

不妥之处：电容 C 容量太小，且耐压值不够。

电容滤波电路中，要求

$$\tau_d = R_L C \geqslant (3 \sim 5)\frac{T}{2}$$

即
$$C \geqslant \frac{(3 \sim 5)T}{2R_L} = \frac{(3 \sim 5)20}{2} \times 100 = (300 \sim 500)\mu F$$

电容的耐压至少应为 $\sqrt{2}V_2 = 28V$。

例 8-4　分析如图 8-8 所示倍压整流电路。

(1) 电容 C_1 和 C_2 上电压的极性如何？

(2) 电容 C_1 和 C_2 上的电压平均值 $V_{C1} = ?$ $V_{C2} = ?$

(3) 二极管 D_1 和 D_2 的最高反向工作电压 $V_{RM1} = ?$ $V_{RM2} = ?$

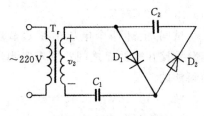

图 8-8　例 8-4 电路

(4) 倍压整流电路适用何种场合？

解　倍压整流电路中，$v_2 > 0$ 时，D_1 导通，v_2 通过 D_1 对 C_1 充电；$v_2 < 0$ 时，D_2 导通，v_2 通过 D_2，C_1 对 C_2 充电；所以

(1) 电容 C_1 上电压的极性为左负右正，C_2 上电压的极性也为左负右正。

(2) 电容 C_1 上的电压平均值 $V_{C1} = \sqrt{2}V_2$，C_2 上的电压平均值 $V_{C2} = 2\sqrt{2}V_2$。

(3) 二极管 D_1 的最高反向工作电压 $V_{RM1} = 2\sqrt{2}V_2$，D_2 的最高反向工作电压 $V_{RM2} = 2\sqrt{2}V_2$。

(4) 倍压整流电路适用于要求输出电压较高，负载电流较小(负载电阻很大)的场合。

例 8-5　图 8-9 所示桥式整流电容滤波电路，若用直流电压表测得输出电压 V_o 分别为：(1) 14V；(2) 12V；(3) 9V；(4) 4.5V。试说明它们是电路分别处在什么情况下得到的结果，要求指出是电路正常工作还是出现了某种故障。

解　图 8-9 所示桥式整流电容滤波电路正常工作时，$V_o = 1.2V_2 = 1.2 \times 10 = 12V$。

(1) $V_o = 14V \approx \sqrt{2}V_2$，电路工作不正常，负载电阻开路。

(2) $V_o = 12V$，电路工作正常。

(3) $V_o = 9V = 0.9V_2$，这是桥式整流未经电容滤波的输出，故电路工作不正常，滤波电容开路。

(4) $V_o = 4.5V = 4.5V_2$，这是半波整流未经电容滤波的输出，故电路工作不正

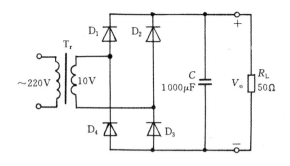

图 8-9 例 8-5 电路

常,有二极管(D_1 与 D_3 中的一只或两只;或者是 D_2 与 D_4 中的一只或两只)开路,滤波电容开路。

例 8-6 整流滤波电路如图 8-9 所示,二极管为理想元件,电容 C 足够大。已知负载电阻 $R_L = 55\Omega$,输出 $V_o = 110V$。求变压器二次电压有效值 V_2,并在下表中选择合适的二极管。

表 8-2   二级管性能表

型 号	最大整流电流平均值(mA)	最高反向峰值电压(V)
2CZ11A	1000	100
2CZ11B	1000	200
2CZ12C	3000	200

解 桥式整流电容滤波电路,电容 C 足够大时,$V_o = 1.2V_2$,因此

$$V_2 = \frac{V_o}{1.2} = \frac{110}{1.2} = 91.7V$$

负载电流平均值为

$$I_o = \frac{V_o}{R_L} = \frac{110}{55} = 2A$$

二极管中的平均电流为

$$I_D = \frac{I_o}{2} = \frac{2}{2} = 1A$$

二极管承受的最高反向峰值电压为

$$V_{RM} = \sqrt{2}V_2 = \sqrt{2} \times 91.7 = 130V$$

根据计算,应选型号为 2CZ12C 的二极管。

例 8-7 如图 8-10 所示稳压电路,三极管的 $V_{BE} = 0.7V$。

(1) $V_o = ?$

(2) 当 R_3 短路时,V_o＝?

(3) 当 R_3 开路时,V_o＝?

(4) 当 R_2 开路时,V_o＝?

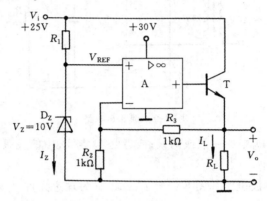

图 8-10　例 8-7 电路

解　图 8-10 是一个串联反馈式稳压电路。

(1) $V_{REF}＝V_Z＝10V$

所以
$$V_o＝V_{REF}\left(1+\frac{R_3}{R_2}\right)＝10\times\left(1+\frac{1}{1}\right)＝20V$$

(2) 当 R_3 短路时,$V_o＝V_{REF}＝10V$。

(3) 当 R_3 开路时,运算放大器反相输入端电位为 0,同相输入端电位为 10V,运放工作在正向饱和区,其输出接近 30V,使三极管 T 工作在饱和区,忽略 T 之饱和压降,$V_o\approx25V$。

(4) 当 R_2 开路时,$V_o＝V_{REF}＝10V$。

例 8-8　在图 8-11 所示直流稳压电源中,已知三极管 T 的 V_{BE} 与二极管正向导通电压 V_D 大小相等($-V_{BE}＝V_D$),W7815 的最大输出电流 $I_{omax}＝1.5A$,负载电流 $I_L＝4.5A$。近似估算 R_2 的值及其功率。

解　图 8-11 是一个扩大电流输出的直流稳压电源,由克希霍夫电流定律得

$$I_1+I_B＝I_W+I_o$$

$$I_C+I_o＝I_L$$

则
$$I_C＝I_L-I_o,\quad I_1＝I_o+I_W-I_B$$

此处可忽略 I_B 和 I_W 的影响,则

$$I_E\approx I_C＝I_L-I_o＝4.5-1.5＝3\ A$$

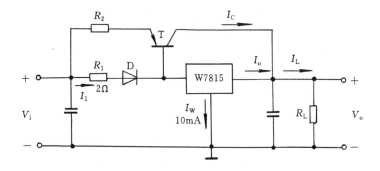

图 8-11 例 8-8 电路

$$I_1 \approx I_o = 1.5\text{A}$$

由克希霍夫电压定律，$I_1 R_1 + V_D = I_E R_2 - V_{BE}$，由于 $V_D = -V_{BE}$，所以

$$R_2 = \frac{I_1 R_1}{I_E} = \frac{1.5 \times 2}{3} = 1\Omega$$

R_2 的功率：
$$P_{R2} = I_E^2 R_2 \approx 9\text{W}$$

例 8-9 图 8-12 所示电路为并联型开关式稳压电源原理图。已知：输入直流电压是 V_i；输出电压为 V_o；脉冲控制电路输出一定频率的矩形波；晶体管 T 和二极管 D 均工作在开关状态，当它们导通时相当于开关闭合，截止时相当于开关断开。

（1）当脉冲控制电路输出高电平时，T 和 D 的工作状态如何？电感 L 上的电压数值＝？其极性如何？

（2）当脉冲控制电路输出低电平时，T 和 D 的工作状态如何？电感 L 上电压极性如何？

（3）当输出电压由于输入电压的波动或负载电阻的变化而减小时，脉冲控制电路在每一个振荡周期中输出高电平的时间应如何变化？

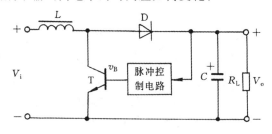

图 8-12 并联型开关式稳压电源原理图

解 （1）当脉冲控制电路输出高电平时，T 饱和导通，其饱和导通压降为 V_{CES}，

D 承受反向电压而截止。V_i 通过 T 向电感 L 充电,L 上的电压数值 $=V_i-V_{CES}$,其极性为左"+"右"−";T 饱和导通期间,电容 C 为负载提供电流。

(2)当脉冲控制电路输出低电平时,T 截止,D 导通。电感 L 和 V_i 通过 D 向电容 C 充电,L 上电压极性为左"−"右"+"。

(3)当输出电压减小时,L 充电时间应增加,故脉冲控制电路在每一个振荡周期中输出高电平的时间应增大。

例 8-10　图 8-13 所示电路为串联型开关式稳压电源原理图。已知:输入电压 V_i 是直流电压;振荡电路输出周期为 T 的三角波 v_S,其峰-峰值为 $\pm V_{smax}$;C 为电压比较器,其输出电压 v_B 使晶体管 T 工作在开关状态,比较放大器 A 的输出电压 $V_F<0$;T 的饱和管压降和穿透电流均可忽略不计;电感 L 上的直流压降可忽略不计。设 v_B 在每个周期内为高电平的时间是 T_K。

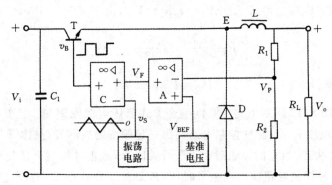

图 8-13　串联型开关式稳压电源原理图

(1)晶体管 T 发射极的电位波形 v_E 是什么波形?

(2)若取样电压 V_P 升高,则 v_B 的脉宽 T_K 将如何变化?

(3)在同样输出电压的条件下,v_S 的周期 T 减小,则晶体管 T 的管耗将如何变化?

(4)输出电压 $V_o=$?

解　(1)由于电压比较器 C 的输出 v_B 为矩形波,晶体管 T 的发射极与基极仅差 0.6V,故 T 的发射极电位波形 v_E 是矩形波。

(2)若取样电压 V_P 升高,则比较放大器 A 的输出电压 V_F 降低。根据图 8-14 所示的 v_S,v_F,v_B 的波形图,当 V_F 降低时,脉宽 T_K 将减小。

(3)由于晶体管 T 工作在开关状态,管耗主要发生在状态转换过程中。所以在同样输出电压的条件下,当 v_S 的周期 T 减小时,晶体管 T 的状态转换次数增加,故其管耗将增大。

(4)忽略电感 L 上的直流压降时,输出电压 $V_o=V_i T_K/T$。

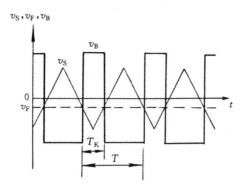

图 8-14 v_S, v_F, v_B 的波形图

8.4 习题及答案

习 题

1. 小功率直流稳压电源电路是由哪几部分组成的?

2. 直流稳压电源的整流电路的作用是什么?

3. 如果单相桥式整流电路中有 1 只二极管接反,该电路通电后会产生什么结果? 请画出相应的电路进行分析说明。

4. 如果单相桥式整流电路中有 1 个桥臂断开会产生什么结果? 请画出相应的电路进行分析说明。

5. 在题图 8-5 所示半波整流电路中,变压器内阻及二极管的正向电阻均可忽略不计,已知变压器次级电压 $v_2 = 20\sqrt{2}\sin\omega t\,V$,负载电阻 $R_L = 300\,\Omega$。

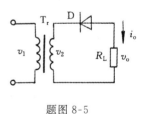

题图 8-5

(1) 输出电压的平均值 $V_o = ?$ 负载电阻上的电流平均值 $I_o = ?$

(2) 考虑到电网电压允许波动 $\pm 10\%$,在选择二极管时,其最大整流平均电流 $I_D = ?$ 最大反向工作电压 $V_{RM} = ?$ 从下表中选择二极管的型号。

题表 8-1   二级管性能选择表

型 号	最大整流电流平均值(mA)	最高反向峰值电压(V)
2AP6	12	100
2CP10	100	25
2CP12	100	100
2CP14	100	200

6. 在题图 8-6 所示三种整流电路中,变压器次级电压有效值 $V_{21}=V_{22}=V_2$,负载电阻均为 R_L。判断下列结论是否正确,对的在括号内打"√",错的在括号内打"×"。

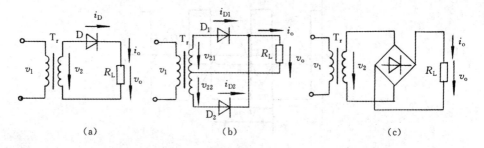

(a)   (b)   (c)

题图 8-6

(1) 图(a)所示电路输出电压平均值最小。(　　)

(2) 图(b)、图(c)所示电路输出电压平均值近似相等。(　　)

(3) 图(c)所示电路中二极管承受的反向电压最高。(　　)

(4) 图(b)所示电路的变压器在次级电压的正负半周负载均衡。(　　)

7. 如题图 8-7 所示整流、滤波电路,已知变压器次级电压 $v_2=20\sqrt{2}\sin\omega t$ V,电容 C 的取值在 $R_L=100\Omega$ 时满足 $R_L C=(3\sim5)T/2(T=20\text{ms})$,负载电阻为 100Ω 至无穷大。试问:

(1) 当 $R_L=100\Omega$ 时,输出电压的平均值 $V_o=$?

(2) 当 $R_L=\infty$ 时,输出电压的平均值 $V_o=$?

(3) 设电网电压的波动范围是 $\pm10\%$,二极管的最大整流平均电流及最高反向工作电压至少应取多少?

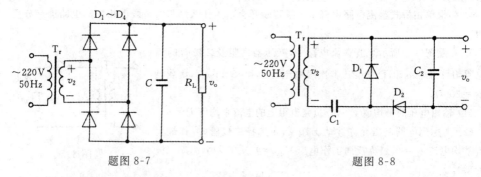

题图 8-7   题图 8-8

8. 分析题图 8-8 所示电路,$V_2=20$V,回答下列问题:

(1) 在图中标出 C_1,C_2 的电压极性。

(2) 估算 C_1 上电压平均值和输出电压平均值。

(3) 考虑到电网电压的波动范围是 $\pm10\%$,二极管 D_1,D_2 的最高反向工作电压 V_{RM1},V_{RM2} 至少应选择多少伏?

9. 已知在题图 8-9 所示电路中所标注的电压均为交流有效值,现将一纯电阻负载接入电路不同的位置,测得其平均电压的数值分别为:(1) 9V;(2) 18V。

试问:上述两个电压值是负载电阻分别接在哪两点之间? 要求答出所有可能的情况。

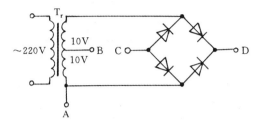

题图 8-9

10. 在题图 8-10 所示电路中,参数如图中所标注,变压器内阻与二极管正向电阻均可忽略不计。填空:

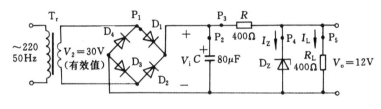

题图 8-10

(1) V_i(平均值)$\approx$ _____。

(2) 若 P_2 点断开,则 V_i(平均值)$\approx$ _____。

(3) 若 P_1,P_2 两点均断开,则 V_i(平均值)$\approx$ _____。

(4) 若 P_3 点断开,则 V_i(平均值)$\approx$ _____。

(5) 若 P_4 点断开,则 $V_o =$ _____。

(6) 若 P_5 点断开,则 $V_o =$ _____。

11. 题图 8-11 所示电路是输出电压为 $+10V$ 的稳压电路,指出图中错误。

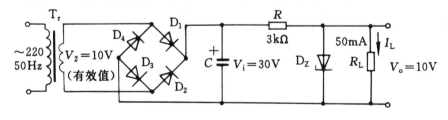

题图 8-11

12. 题图 8-12 所示电路是能够提供 $\pm 10V$ 电压的稳压电路,选择正确答案填空。

(1) 整流滤波后电压平均值 $V_{i1} = -V_{i2} =$ _____。

    A. 48V   B. 36V   C. 24V

(2) 整流二极管流过的平均电流 $I_D =$ _____,

    A. $2I_R$ B. I_R C. $1/2I_R$

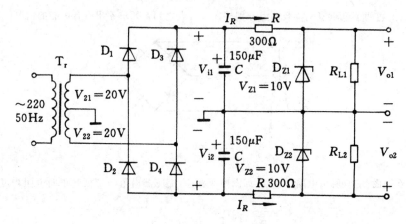

题图 8-12

它们承受的最大反向电压 $V_{RM} =$ _____。

A. 57V　　　　　　B. 28V　　　　　　C. 20V

(3) 若 D_4 开路,则 V_{i1} _____ V_{i2}。

A. 等于　　　　　　B. 大于　　　　　　C. 小于

13. 如题图 8-13 所示稳压电路,三极管的 $V_{BE} = 0.7V$,选择合适的答案填空:

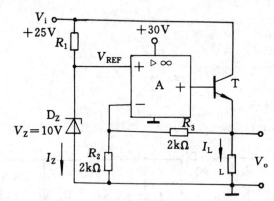

题图 8-13

(1) $V_o =$ _____。

A. 10V　　　　　　B. 20V　　　　　　C. 24.3V

(2) $V_o = 10V$,这是因为_____。

A. R_2 短路　　　　B. R_2 开路　　　　C. R_3 开路

(3) $V_o \approx 29V$,这是因为_____。

A. R_3 开路　　　　B. R_3 短路　　　　C. R_2 开路

(4) $V_o \approx 25V$,这是因为_____。

A. R_3 短路　　　　B. R_1 开路　　　　C. D_Z 开路

14. 串联反馈式稳压电路如题图 8-14 所示。已知 $V_Z = 6V, I_{Zmin} = 10mA$，试指出电路中存在的六处错误。

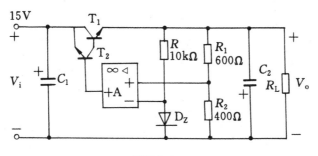

题图 8-14

15. 某同学所接直流稳压电源如题图 8-15 所示，他所选用的元器件及其参数均合适，但接线有误。已知 W7812 的 1 端为输入端，2 端为输出端，3 端为公共端，改正图中错误，使之能够正常工作。

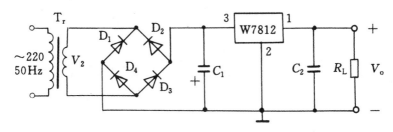

题图 8-15

16. 在题图 8-16 所示直流稳压电源中，W78L24 的最大输出电流 $I_{omax} = 0.1A$。判断下列结论是否正确，凡正确的打"√"，凡错误的打"×"。

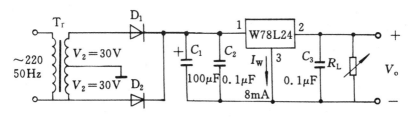

题图 8-16

(1) 输出电压 $V_o = 24V$。（　　）

(2) 电容 C_1 两端电压 $V_{C1} \approx 27V$。（　　）

(3) 整流二极管承受的最大反向电压 $V_{RM} \approx 42V$。（　　）

(4) 整流二极管可能流过的最大平均电流 $I_D = 54mA$。（　　）

17. 在题图 8-17 所示电路中，三极管的电流放大系数 $\beta = 100, V_{BE} = 0.7V$。填空：要求先填表达式，后填得数。

$V_{o1} =$ _____ = _____ ;

$V_{o2} =$ _____ = _____ 。

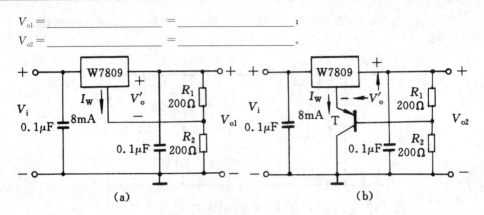

(a)　　　　　　　　　　　　　(b)

题图 8-17

18. 在题图 8-18 所示直流稳压电源中,已知三极管 T 的 V_{BE} 与二极管正向导通电压 V_D 相等,
W7815 的最大输出电流 $I_{omax} = 1.5A$。试问:

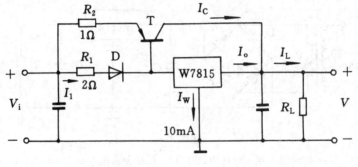

题图 8-18

(1) I_L 的最大值 I_{Lmax} 约为多少?

(2) 应选择多大功率的 R_1 和 R_2?

19. 题图 8-19 所示电路为并联型开关式稳压电源原理图。已知:输入直流电压是 V_i;输出电压是 V_o;脉冲控制电路输出一定频率的矩形波 v_B,每个振荡周期中输出高电平的时间为 T_K;晶体管 T 和二极管 D 均工作在开关状态,当它们导通时相当于开关闭合,截止时相当于开关断开。选择填空:

(1) 电路工作正常时,T 和 D 总是(　　)。

　　A. 同时导通　　　　　B. 同时截止　　　　　C. 交替导通

(2) T 承受的最大管压降 V_{CEmax}(　　)。

　　A. 大于 V_i　　　　　B. 等于 V_i　　　　　C. 小于 V_i

(3) D 承受的最大反向电压 $V_{RM} \approx$(　　)。

　　A. V_i　　　　　　　B. V_o　　　　　　　C. $V_i + V_o$

(4) 当输出电压由于输入电压的波动或负载电阻的变化而增大时,T_K 应(　　)。

A. 自动调大   B. 自动调小   C. 保持不变

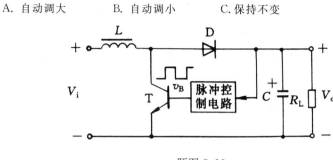

题图 8-19

20. 题图 8-20 所示电路为串联型开关式稳压电源原理图。已知：输入电压 V_i 是直流电压；振荡电路输出固定周期 T 的三角波 v_S，其峰-峰值为 $\pm V_{smax}$；C 为电压比较器，其输出电压 v_B 使晶体管 T 工作在开关状态，比较放大器 A 的输出电压 $v_F < 0$；T 的饱和管压降和穿透电流均可忽略不计；电感 L 上的直流压降可忽略不计。设 v_B 在每个周期内为高电平的时间是 T_K。

(1) 定性画出 v_S，v_B，v_E 的波形。

(2) 写出输出电压 V_o 的近似表达式。

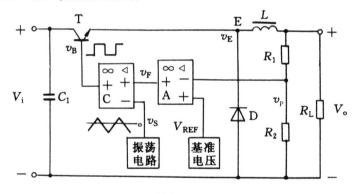

题图 8-20

答 案

1～4. 略

5. (1) $-9V$，$-30mA$ (2) $33mA$，$31V$，$2CP12$

6. (1) √   (2) √   (3) ×   (4) ×

7. (1) $V_o \approx 1.2V_2 = 24V$

   (2) $V_o \approx \sqrt{2}V_2 \approx 28V$

   (3) $I_{Dmax} > 1.1 \times \dfrac{\dot{V}_o}{2R_{Lmin}} \approx 132mA$，$V_{RM} > 1.1\sqrt{2}V_2 \approx 31V$

8. (1) C_1：左正、右负 C_2：上正、下负

(2) $V_{C1} = \sqrt{2}V_2 = 28.3\text{V}$, $V_o = 2\sqrt{2}V_2 = 56.6\text{V}$

(3) $V_{RM1} = V_{RM2} = 2\sqrt{2}V_2 \times 1.1 \approx 62.2\text{V}$

9. (1) A 与 C 之间,A 与 D 之间,B 与 C 之间,B 与 D 之间。

  (2) C 与 D 之间。

10. (1) 36V

  (2) 27V

  (3) 13.5V

  (4) 42.4V

  (5) 18V

  (6) 12V

11. (1) D_2 接反

  (2) V_2 过小

  (3) R 过大

12. (1) C

  (2) C,A

  (3) B

13. (1) B

  (2) B

  (3) A

  (4) C

14. (1) T_2 管 C,E 极位置颠倒;

  (2) 运放 A 同相、反相输入端位置颠倒;

  (3) D_Z 极性接反;

  (4) 电容 C_2 极性接反;

  (5) 限流电阻 R 太大;

  (6) V_i 太小。$V_o \approx V_Z\left(1 + \dfrac{R_1}{R_2}\right) = 6 \times \left(1 + \dfrac{600}{400}\right) = 15\text{V}$,要求 $V_i > V_o$。

15. D_2,D_4 接反;C_1 接反。

  W7812 的 3 应改为 1,1 应改为 2,2 应改为 3。

  图略。

16. (1) √

  (2) ×

  (3) ×

  (4) √

17. $V_o' + \left(\dfrac{V_o'}{R_1} + I_w\right)R_2$, 　19.6V

$$\left(1+\frac{R_2}{R_1}\right)(V_o'+|V_{BE}|)+\frac{I_W}{\beta}R_2, \quad 19.4\,\text{V}$$

18. (1) $I_o R_1 \approx I_C R_2$, $\quad I_{Lmax} \approx \left(1+\frac{R_1}{R_2}\right)I_o = 4.5\,\text{A}$

    (2) $P_{R_1} = I_{omax}^2 R_1 \approx 4.5\,\text{W}$, $\quad P_{R_2} = I_E^2 R_2 \approx 9\,\text{W}$

19. (1) C

    (2) A

    (3) B

    (4) B

20. (1)

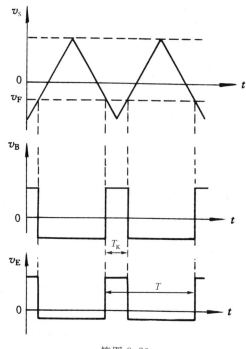

答图 8-20

    (2) $V_o \approx \dfrac{T_K}{T}V_i$

附录　模拟试卷及答案

模拟试卷 A(高职高专)

一、判断及填空

1. 判断下面句子中带有底划线的词语是否正确,若不正确,则在其后括号内填入正确词语。

N 型半导体中多数载流子是<u>自由电子</u>(　　　　　　　　),P 型半导体中多数载流子是<u>正离子</u>(　　　　　　);N 型半导体<u>带负电</u>(　　　　　　　　),P 型半导体<u>带正电</u>(　　　　　　)。

2. 测得某电路中几个三极管各电极电位如下图所示,试判断各三极管分别工作在饱和区、放大区还是截止区?

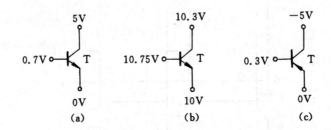

二、电路中 D 均可视为理想二极管,试判断它们是否导通,并求出 V_o 的值。

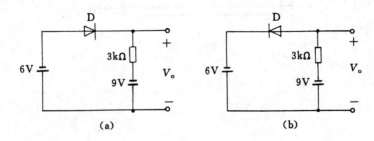

三、已知图示电路中晶体管的 $\beta = 50$,$r_{bb'} = 200\Omega$,$V_{BEQ} = 0.7\mathrm{V}$,电容的容量足够大,对交流信号可视为短路。

1. 估算电路静态时的 I_{BQ},I_{CQ},V_{CEQ}。

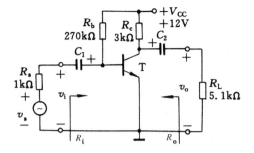

2. 画出简化 H 参数交流等效模型。

3. 求电压放大倍数 $\dot{A}_{vs}(\dot{V}_o/\dot{V}_s)$、输入电阻 R_i、输出电阻 R_o。

4. 当负载电阻 R_L 开路时,求电压放大倍数 $\dot{A}_{vs}$。

四、下图所示电路为 OTL 互补对称功率放大电路。

1. 在图中标明 T_1 管和 T_2 管的类型。

2. 在图示信号 v_i 作用下,定性画出输出 v_o 的波形。

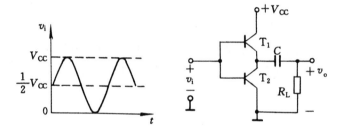

五、反馈放大电路如图所示,已知晶体管的 $\beta=100$,$V_{BE}=0.7V$,$r_{bb'}=0$,设电容器 C_1 与 C_2 对交流信号均可视为短路。试指出电路中的反馈支路,判断其反馈极性,是直流反馈还是交流反馈。若有交流反馈,判断其反馈组态,并说明对输入电阻的影响。

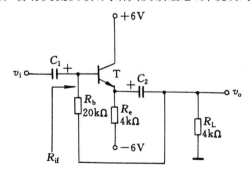

六、选择填空。

1. 差分放大电路是为了 _____ 而设置的,它主要通过 _____ 来实现。

    A. 提高放大倍数　　　　　　　　B. 提高输入电阻

    C. 抑制温漂　　　　　　　　　　D. 增加一级放大电路

    E. 采用两个输入端　　　　　　　F. 利用参数对称的对管

2. 在长尾式的差分放大电路中,R_e 的主要作用是 _____。

    A. 提高差模电压放大倍数　　　B. 抑制零漂　　　　C. 增大差模输入电阻

3. 在长尾式的差分放大电路中,R_e 对 _____ 有负反馈作用。

    A. 差模信号　　　　　　B. 共模信号　　　　　　C. 任意信号

4. 差分放大电路利用恒流源代替 R_e 是为了 _____。

    A. 提高差模电压放大倍数

    B. 提高共模电压放大倍数

    C. 提高共模抑制比

5. 具有理想电流源的差分放大电路,采用不同的连接方式,其共模抑制比 _____。

    A. 均为无穷大　　　　　B. 均为无穷小　　　　　C. 不相同

七、图示为三个电路的交流通路,试用相位平衡条件,判断哪些电路有可能产生正弦波振荡,哪些不能振荡,可能振荡的属于什么类型的 LC 正弦波振荡器? 并写出振荡频率 f_0 近似表达式。

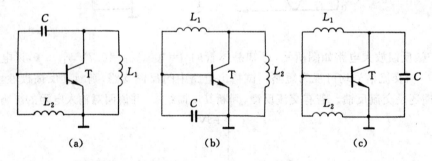

    (a)　　　　　　　　　　　(b)　　　　　　　　　　　(c)

八、图示放大电路中,已知集成运算放大器具有理想特性。写出输出电压 v_o 与输入电压 $v_{i1} \sim v_{i3}$ 之间的函数表达式。

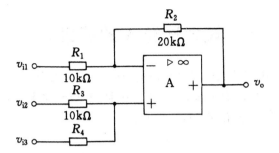

九、某同学所接直流稳压电源如下图所示,他所选用的元器件及其参数均合适,但接线有误。已知 W7812 的 1 端为输入端,2 端为输出端,3 端为公共端,改正图中错误,使之能够正常工作。

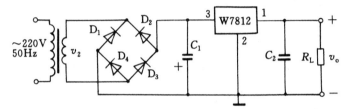

模拟试卷 A 的答案

一、1.（N 型半导体中多数载流子是<u>自由电子</u>（　　　），P 型半导体中多数载流子是<u>正离子</u>（空穴）；N 型半导体带<u>负电</u>（呈中性），P 型半导体带<u>正电</u>（呈中性）。

2.（a）<u>放大区</u>　（b）<u>饱和区</u>　（c）<u>截止区</u>

二、（a）D 导通，$V_o = -6V$

（b）D 截止，$V_o = -9V$

三、1. $I_{BQ} = \dfrac{V_{CC} - U_{BEQ}}{R_b} \approx 42\mu A$

$I_{CQ} = \beta I_{BQ} \approx 2.1\ mA$

$V_{CEQ} = V_{CC} - I_{CQ}R_c \approx 5.7V$

2. 图略

3. $r_{be} = r_{bb'} + (1+\beta)\dfrac{V_T}{I_{EQ}} \approx 0.82k\Omega$

$\dot{A}_{vs} = \dfrac{\dot{V}_o}{\dot{V}_s} = \dfrac{\dot{V}_i}{\dot{V}_s} \times \dfrac{\dot{V}_o}{\dot{V}_i} = \dfrac{R_b /\!/ r_{be}}{R_s + R_b /\!/ r_{be}} \times \dfrac{-\beta(R_c /\!/ R_L)}{r_{be}} \approx -52$

$R_i = R_b /\!/ r_{be} \approx 0.82k\Omega$

$R_o = R_c = 3k\Omega$

4. $\dot{A}_{vs} = \dfrac{R_b /\!/ r_{be}}{R_s + R_b /\!/ r_{be}} \times \dfrac{-\beta R_c}{r_{be}} \approx -82$

四、1. T_1 为 NPN 管，T_2 为 PNP 管；

2.

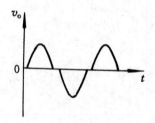

五、电阻 R_e 为交、直流负反馈支路，其中，交流负反馈为电压串联组态，使输入电阻增大。

电阻 R_b 为交流正反馈支路，且为电压并联组态（自举电路），使输入电阻减小。

六、1. C,F　　2. B　　3. B　　4. C　　5. A

七、图(a)满足振荡的相位平衡条件,为电感三点式 LC 正弦波振荡电路。

$$f_0 \approx \frac{1}{2\pi \sqrt{C(L_1+L_2+2M)}}$$

图(b)和(c)均不满足振荡的相位平衡条件,不能振荡。

八、$v_o = -\dfrac{R_2}{R_1}v_{i1} + \left(1+\dfrac{R_2}{R_1}\right)\left(\dfrac{R_4}{R_3+R_4}v_{i2} + \dfrac{R_3}{R_3+R_4}v_{i3}\right)$

九、D_2,D_4 接反;C_1 接反。

W7812 的 3 应改为 1,1 应改为 2,2 应改为 3。

图略。

模拟试卷 B(高职高专)

一、简答与填空

1. PN 结的击穿有哪几种? 击穿是否意味着 PN 结一定损坏? 为什么?

2. 三极管的输出特性曲线分为饱和区、_____和_____。用作线性放大时,三极管应工作在_____区,此时,三极管的发射结加_____向偏置电压,集电结加_____向偏置电压。如果基极信号电流为 i_b,则 i_c = _____,i_e = _____

3. 在某放大电路中有两只晶体管,测得每个晶体管的两个电极中的电流大小和方向如图(a),(b)所示。

(1) 标出另一个电极中的电流大小和方向。

(2) 判断管子类型(NPN,PNP),标明电极 e,b,c 的位置。

(3) 估算管子的 β 值。

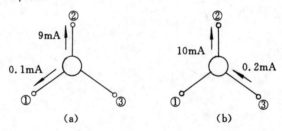

一、单管放大电路如下图所示。已知 β = 60, R_{b1} = 120kΩ, R_{b2} = 39kΩ, R_c = 2kΩ, R_e = 2kΩ, V_{CC} = +12V, R_L = 3kΩ。

(a)　　　　　　　　　(b)

4. 由通频带相同的两个单级放大器组成的两级阻容耦合放大器,总的通频带如何?

二、设下图中的二极管是理想的,求通过各二极管的电流。

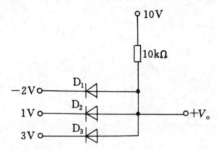

三、单管放大电路如下图所示。已知 β = 60, R_{b1} = 120kΩ, R_{b2} = 39kΩ, R_c = 2kΩ, R_e = 2kΩ, V_{CC} = +12V, R_L = 3kΩ。

1. 画出直流通路,求静态值。

2. 画出微变等效电路。

3. 求 A_v，R_i，R_o。

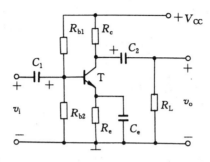

四、下图是一种 OCL 功放电路，试回答下列问题：

1. T_1，T_2，T_3 各三极管的作用和工作状态。

2. 静态时 R_L 上的电流有多大？

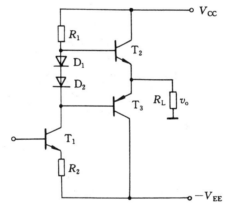

五、1. 在下图的方框中，X 为电压信号 V，已知 $\dot{A}_v = 80$，负反馈 $\dot{F}_v = 1\%$，$\dot{V}_o = 15V$，求 $\dot{V}_i$，$\dot{V}_{id}$ 和 $\dot{V}_f$ 各为多少？

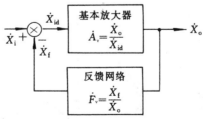

2. 判断下图电路的反馈类型：

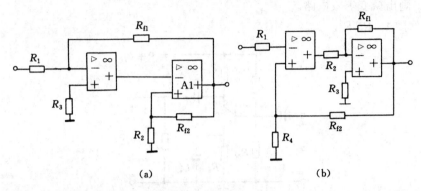

(a)　　　　　　　　　　　(b)

六、基本差动放大电路如下图所示。已知：$V_{CC} = V_{EE} = 12V$，$R_c = 30k\Omega$，$R_B = 100\Omega$，$r_{be1} = r_{be2} = 3k\Omega$，$\beta_1 = \beta_2 = 50$，$R_E = 5k\Omega$，$R_L = 10k\Omega$。求：

1. 差模电压放大倍数 A_{vd} 和共模电压放大倍数 A_{vc} 及共模抑制比 K_{CMR}。

2. 多级直接耦合的放大电路中，第一级多采用什么电路？为什么？

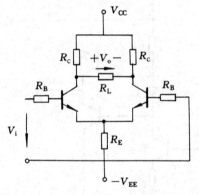

七、1. 振荡器有几部分组成，各部分作用是什么？

2. 如下图(a)所示电路，已知 D_1，D_2 的导通电压均为 0.6V，D_1 的击穿电压为 3.4V，D_2 的击穿电压为 7.4V，输入波形如下图(b)所示，试画出相应的输出波形和

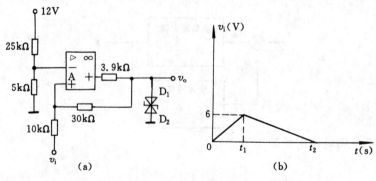

(a)　　　　　　　　　　　(b)

传输特性曲线。

八、差动输入放大器如下图(b)所示。设输入电压 v_{i1} 为方波，v_{i2} 为三角波，如下图(a)所示。求出 v_o 的表达式，画出 v_o 的波形。

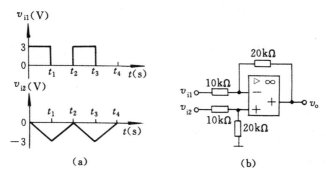

(a)	(b)

九、单相桥式整流、电容滤波电路如下图所示，输出电压平均值 $V_o = 24V$，$R_L = 3k\Omega$，试求：

1. 变压器副边电压的有效值 V_2。

2. 输出平均电流 I。

3. 每个二极管的平均电流 I_D 及最高反向电压。

4. 若采用稳压管稳压，画出稳压电路。

5. 若采用三端集成稳压器稳压，应采用的型号是什么？

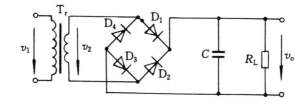

模拟试卷 B 的答案

一、1. 电击穿和热击穿。否,因为电击穿是可以恢复的。

2. 放大区,截止区。放大,正,反。βi_b,$(1+\beta)i_b$

3. (a) 9.1mA 流入,PNP,①②③对应于 b,c,e,$\beta \approx 90$。

　 (b) 9.8mA 流入,NPN,①②③对应于 c,e,b,$\beta \approx 49$。

4. 变窄

二、通过 D_1 的电流为 1.2mA,通过 D_2 和 D_3 的电流皆为 0。

三、1. 直流通路如图所示。

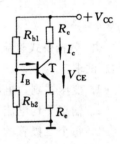

$$V_B \approx V_{CC}\frac{R_{b2}}{R_{b1}+R_{b2}}=2.94 \text{ V}$$

$$I_C \approx I_E=\frac{V_B-V_{BE}}{R_e}=1.17 \text{ mA}$$

$$I_B=I_C/\beta=19.5 \ \mu\text{A}$$

$$V_{CE} \approx V_{CC}-I_C(R_c+R_e)=7.32 \text{ V}$$

2. 微变等效电路如图所示。

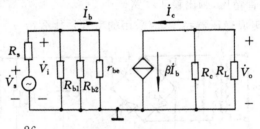

3. $r_{be}=200+(1+\beta)\dfrac{26}{I_E}=1.56\text{k}\Omega$

$$\dot{A}_V=-\frac{\beta R_L /\!/ R_c}{r_{be}}=-46$$

$$R_i \approx r_{be}$$

$$R_o=R_c$$

四、1. T_2 和 T_3 组成互补对称功率放大电路;工作在甲乙类状态。

T_1 使 T_2 和 T_3 静态时处于微导通状态(即甲乙类工作状态);工作在甲类状态。

2. 静态时 R_L 上的电流为 0。

五、1. $\dot{V}_f=\dot{F}_v \cdot \dot{V}_o=0.15\text{V}$

$$\dot{V}_{id} = \frac{\dot{V}_o}{A_v} = 0.1875V$$

$$\dot{V}_i = \dot{V}_{id} + \dot{V}_f = 0.3375V$$

2. (a)R_{f1}:并联电压正反馈;R_{f2}:串联电压正反馈。

(b)R_{f1}:并联电压负反馈;R_{f2}:串联电压负反馈。

六、1. $A_{vd} = -\dfrac{\beta R_c /\!/ \dfrac{R_L}{2}}{R_b + r_{be}} = -71.42$, $A_{vc} = 0$, $K_{CMR} = \infty$。

2. 多级直接耦合的放大电路中,第一级多采用差动放大电路,以抑制零点漂移。

七、1. 振荡器由 4 部分组成。其中放大电路用于放大交流信号,起能量控制作用;选频网络的作用是选出所需的正弦波振荡信号的振荡频率;反馈网络引入正反馈保证反馈电压代替输入电压,它与放大电路共同满足振荡条件;稳幅电路使电路起振后达到$|\dot{A}\dot{F}| = 1$,产生幅度稳定、几乎不失真的正弦波。

2.

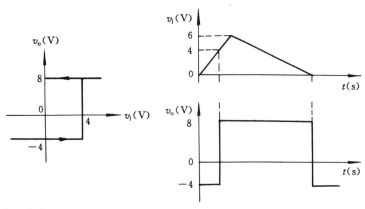

八、$v_o = -2v_{i1} + 2v_{i2}$

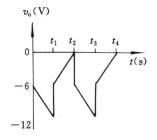

九、1. $V_2 = 20V$

2. $I = 8mA$

3. $I_D = 4mA$,$V_{DRM} = 28.3V$

4. 稳压电路如下图

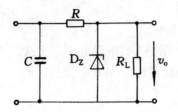

5. W78 系列。

模拟试卷 C(本科)

一、填空

1. 判断下列说法是否正确。在相应的括号内画"√"表示正确,画"×"表示错误。

(1) P 型半导体可以通过在纯净半导体中掺入五价磷元素而获得。(   )

(2) 在 N 型半导体中,掺入高浓度的三价硼元素可以改型为 P 型半导体。(   )

(3) P 型半导体是呈中性的(   ),N 型半导体是带负电的。(   )

2. 选择正确的答案用 A,B,C 填空。

晶体管工作在放大区时,发射结为_____,集电结为_____,工作在饱和区时,发射结为_____,集电结为_____。

A. 正向偏置   B. 反向偏置   C. 零偏置

二、简答

1. 运放工作在线性区的条件是什么? 运放工作在线性区的两个重要特征是什么?

2. 共集电极放大电路的动态性能指标具有什么特点?

三、判断下图电路中,二级管是导通还是截止,并求出 AO 两端电压 V_{AO}。设二极管是理想的。

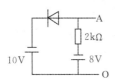
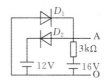

四、单管放大电路及参数如下图所示,电容足够大,对交流信号可视为短路。

1. 估算电路的静态工作点(I_{BQ},I_{CQ},V_{CEQ})。

2. 画出简化 H 参数交流等效模型。

3. 求电路的电压放大倍数、输入电阻和输出电阻;

4. 若更换了晶体管,其 $\beta = 150$,该电路的静态工作点、电压放大倍数、输入电阻和输出电阻会发生什么变化?(增大,减小,基本不变)

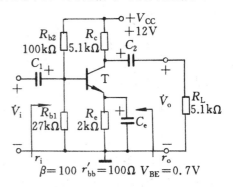

$$\beta = 100 \quad r'_{bb} = 100\Omega \quad V_{BE} = 0.7V$$

五、差分放大电路如下图所示。设电路两边元器件参数对称,即 $R_{c1}=R_{c2}=R_c$,$R_{b1}=R_{b2}=R_b$,$\beta_1=\beta_2=\beta$,$r_{be1}=r_{be2}=r_{be}$,调零电位器 R_W 滑动端位于中点,试写出下列表达式。

1. 单端输出与双端输出差模电压增益 $A_{vd1}=\dfrac{v_A}{v_{id}}$,$A_{vd}=\dfrac{v_{AB}}{v_{id}}$。

2. 差模输入电阻 R_{id},输出电阻 R_{od}。

3. 单端输出与双端输出共模电压放大倍数 $A_{vc1}=\dfrac{v_A}{v_{ic}}$,$A_{vc}=\dfrac{v_{AB}}{v_{ic}}$。

4. 单端输出与双端输出共模抑制比 $K_{CMR1}=\left|\dfrac{A_{vd1}}{A_{vc1}}\right|$,$K_{CMR}=\left|\dfrac{A_{vd}}{A_{vc}}\right|$。

5. 共模输入电阻 R_{ic}。

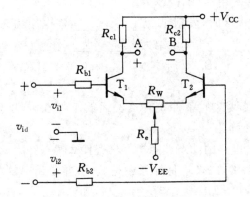

六、试设计一电路,完成 $v_o=0.5v_{i1}-2v_{i2}$ 的计算。

七、三个两级放大电路如下图所示。设电容器对交流信号均可视为短路。试分析其中的级间交流反馈类型。在负反馈的电路中,求出深度负反馈时的电压增益 $\dot{A}_{vf}$。

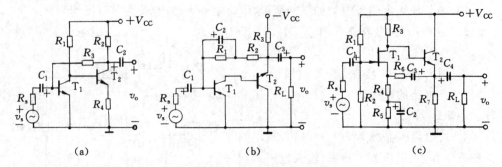

(a)　　　　　　　(b)　　　　　　　(c)

八、设计一双电源互补对称功率放大电路,负载电阻 $R_L=8\Omega$,要求最大输出功率 $P_{om}=20W$。忽略 BJT 饱和压降,请选择正、负电源 V_{CC} 的值,根据计算,说明下列哪个 BJT 不能选用。

型号	极性	$V_{(BR)CEO}$	I_{CM}	P_{om}
MJE200	NPN	25V	5A	15W
2N6292	NPN	60V	7A	40W

九、正弦波振荡电路如下图所示。集成运放 A 具有理想特性，电阻 $R_1 = 10\text{k}\Omega$，R_2 的阻值分别为下列三种情况时，试选择正确答案填空：

  A. 能振荡，且 v_o 波形较好   B. 能振荡，且 v_o 波形不好   C. 不振

  1. $R_2 = 8\text{k}\Omega + 0.47\text{k}\Omega$（可调）。（   ）

  2. $R_2 = 2\text{k}\Omega + 0.47\text{k}\Omega$（可调）。（   ）

  3. $R_2 = 4.7\text{k}\Omega + 0.47\text{k}\Omega$（可调）。（   ）

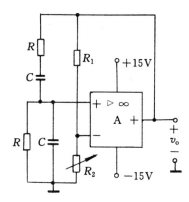

十、迟滞比较器的电路与电压传输特性如下图所示，试确定 V_{REF}，V_Z 及 $\dfrac{R_1}{R_2}$ 的值。

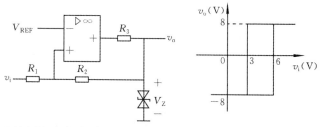

十一、在如下图所示直流稳压电源中，W78L24 的最大输出电流 $I_{omax} = 0.1\text{A}$。判断下列结论是否正确，凡正确的打"√"，凡错误的打"×"。

  1. 输出电压 $V_o = 24\text{V}$。（   ）

  2. 电容 C_1 两端电压 $V_{C1} \approx 27\text{V}$。（   ）

  3. 整流二极管承受的最大反向电压 $V_{RM} \approx 42\text{V}$。（   ）

  4. 整流二极管可能流过的最大平均电流 $I_D = 54\text{mA}$。（   ）

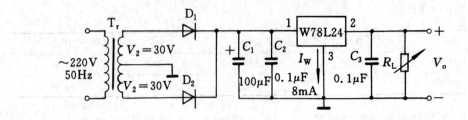

模拟试卷 C 的答案

一、1. (1) $\times$

    (2) $\sqrt{}$

    (3) $\sqrt{}$,$\times$

  2. A,B,A,A

二、答案略

三、导通,$V_{AO} = -10V$;D_2 导通,D_1 截止,$V_{AO} = 12V$

四、1. 分压估算 $V_B \approx 2.55V$

$$I_{CQ} \approx I_{EQ} \approx 0.926\text{mA}$$

$$I_{BQ} \approx 9.26\mu A$$

$$V_{CEQ} \approx V_{CC} - I_{CQ}(R_c + R_e) \approx 5.43V$$

  2. 简化的交流等效模型

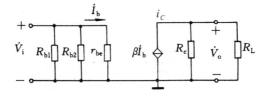

  3. $r_{be} = r_{bb'} + (1+\beta)\dfrac{V_T}{I_{EQ}} \approx 2.94\text{k}\Omega$

$$\dot{A}_V \approx -\frac{\beta(R_c /\!/ R_L)}{r_{be}} \approx -87$$

$$R_i = r_{be} /\!/ R_{b1} /\!/ R_{b2} \approx 2.6\text{k}\Omega$$

$$R_o \approx R_c = 5.1\text{k}\Omega$$

  4. I_{CQ},I_{EQ},U_{CEQ} 基本不变,I_{BQ} 减小;

    $\dot{A}_V$,R_o 基本不变,R_i 增大(因 r_{be} 增大)。

五、1. $A_{vd1} = \dfrac{v_A}{v_{id}} = -\dfrac{\beta R_c}{2\left[R_b + r_{be} + (1+\beta)\cdot\dfrac{R_w}{2}\right]}$,

$$A_{vd} = \frac{v_{AB}}{v_{id}} = -\frac{\beta R_c}{R_b + r_{be} + (1+\beta)\cdot\dfrac{R_w}{2}}$$

2. $R_{id} = 2\left[R_b + r_{be} + (1+\beta) \cdot \dfrac{R_w}{2}\right]$ ， $R_{od} \approx 2R_c$

3. $A_{vc1} = \dfrac{v_A}{v_{ic}} = -\dfrac{\beta R_c}{R_b + r_{be} + (1+\beta)\left(2R_e + \dfrac{R_w}{2}\right)}$

$A_{vc} = \dfrac{v_{AB}}{v_{ic}} = 0$

4. $K_{CMR1} = \left|\dfrac{A_{vd1}}{A_{vc1}}\right| = \dfrac{R_b + r_{be} + (1+\beta)\left(2R_e + \dfrac{R_w}{2}\right)}{2\left[R_b + r_{be} + (1+\beta) \cdot \dfrac{R_w}{2}\right]}$

$K_{CMR} = \left|\dfrac{A_{vd}}{A_{vc}}\right| = \infty$

5. $R_{ic} = \dfrac{1}{2}\left[R_b + r_{be} + (1+\beta)\left(2R_e + \dfrac{R_w}{2}\right)\right]$

六、答案 1：

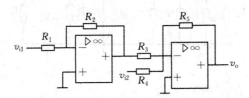

$$v_o = -\frac{R_5}{R_3}\left(-\frac{R_2}{R_1}\right)v_{i1} - \frac{R_5}{R_4}v_{i2}$$

$R_2 = \dfrac{1}{2}R_1 , R_3 = R_5 , R_4 = \dfrac{1}{2}R_5 ,$ 或 $R_2 = R_1 , R_3 = 2R_5 , R_4 = \dfrac{1}{2}R_5$

答案 2：

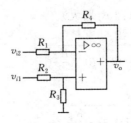

$$v_o = \left(1 + \frac{R_4}{R_1}\right)\frac{R_3}{R_2 + R_3}v_{i1} - \frac{R_4}{R_1}v_{i2}, \frac{R_4}{R_1} = 2, \frac{R_2}{R_3} = 5$$

七、图(a)并联电压正反馈

图(b)并联电压负反馈，$\dot{A}_{vf} = \dfrac{R_2}{r_{be1}}$

图(c)串联电压正反馈

八、$V_{CC} = 18V, \dfrac{V_{CC}}{R_L} = 2.25A$，要 $V_{(BR)CEO} \geqslant 2V_{CC}$，故 MJE200 不能选用。

九、1. C   2. B   3. A

十、$V_Z = \pm 8V, \dfrac{R_1}{R_2} = \dfrac{3}{16}, V_{REF} = \dfrac{9 \times 16}{19} = 7.6V$

十一、1. $\checkmark$

2. $\times$

3. $\times$

4. $\checkmark$

模拟试卷 D(本科)

一、填空

1. 场效应管是_____控制元件,而双极型三极管是_____控制元件。

2. 下图电路中,若二极管为硅管,当 $V_i = 0.4$V 时,$V_o =$ _____ V;当 $V_i = 1.5$V 时,$V_o =$ _____ V。若二极管为锗管,又分别是_____ V,_____ V。

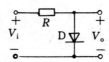

3. 一个双端输入、双端输出差分放大电路,已知差模电压增益 $A_{vd} = 80$dB,当两边的输入电压为 $v_{i1} = 1$mV,$v_{i2} = 0.8$mV 时,测得输出电压 $v_o = 2.09$V。该电路的差模信号 $v_{id} =$ _____,共模信号 $v_{ic} =$ _____,共模电压增益 $A_{vc} =$ _____,共模抑制比 $K_{CMR} =$ _____。

二、简答

1. 在差分式放大电路双端输入两个任意信号 v_{i1},v_{i2} 的情况下,如何求单端输出电压 v_{o1}?

2. 为什么放大电路引入负反馈后,会使相应的增益下降?

三、二级管电路如右图所示,输出电压 $v_i = 18\sin\omega t$V,请画出输出电压的波形。设二极管是理想的。

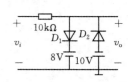

四、已知图示电路中晶体管的 $\beta = 100$,$r_{be} = 2.7$kΩ,$V_{BEQ} = 0.7$V;要求静态时 $I_{CQ} = 1$mA,$V_{CEQ} = 4$V,$V_{BQ} \approx 5V_{BEQ}$(基极对地电压),$I_1 \approx 10 I_{BQ}$。

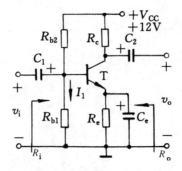

1. 估算 R_{b1}, R_{b2}, R_c, R_e 的值。

2. 求该电路的电压放大倍数 $\dot{A}_v$、输入电阻 R_i、输出电阻 R_o(设各电容的容量足够大,对交流信号可视为短路)。

五、差分放大电路如下图所示。已知 $V_{CC}=V_{EE}=12\text{V}$, $\beta_1=\beta_2=50$, $R_{e1}=R_{e2}=80\Omega$, $R_{b1}=R_{b2}=3\text{k}\Omega$, 电流源动态输出电阻 $r_o=100\text{k}\Omega$, $R_L=4\text{k}\Omega$, $\gamma_{be1}=\gamma_{be2}=1.2\text{k}\Omega$。

1. 求静态工作点。

2. 求单端输出时的差模电压增益 A_{vd1}、共模电压增益 A_{vc1}、共模抑制比 K_{CMR}。

3. 求差模输入电阻 R_{id}、差模输出电阻 R_{od}。

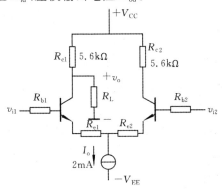

六、下图电路中,设输入信号足够大,T_1,T_2 管饱和压降 $V_{CES}\approx0\text{V}$,$R_L=16\Omega$,试计算:

1. 负载 R_L 上最大的不失真输出功率 P_{omax}。

2. 电源提供的功率 P_V。

3. 三极管的总的管耗 P_T。

4. 若 T_1,T_2 管饱和压降 $V_{CES}\approx2\text{V}$,$P_{omax}=12\text{W}$,则 $V_{CC}=?$

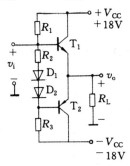

七、由集成运放 A 和晶体管 T_1,T_2 等元器件组成的反馈放大电路如下图所示。

试分析其中的交流反馈,该电路级间交流反馈通路由什么元件组成? 其反馈极性如何? 其反馈组态为何?

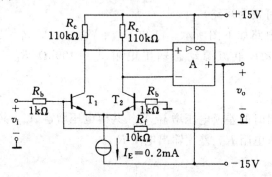

八、试设计出实现如下运算功能的电路: $v_o = 6\int v_{i1}\,dt + 4\int v_{i2}\,dt$

九、试画出下图中两个电路的交流通路,并判断它们是否满足正弦波振荡的相位平衡条件,如不满足,请加以改正;如满足,它们属于哪种类型的 LC 正弦波振荡器,并写出振荡频率 f_0 近似表达式,设电容 C_b,C_e,C_c 对交流电均可视为短路。

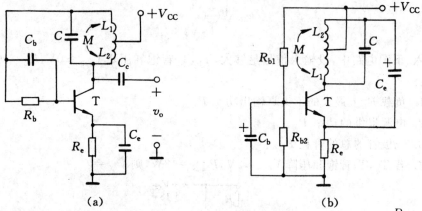

（a）　　　　（b）

十、迟滞比较器的电路和电压传输特性如下图所示。试确定 V_{REF},V_Z 及 $\dfrac{R_1}{R_2}$ 的值。

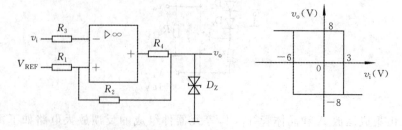

十一、在下图所示电路中,三极管的电流放大系数 $\beta=100$,$V_{BE}=0.7V$。求输出电压 V_o。

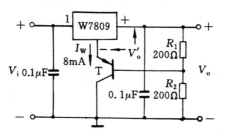

模拟试卷 D 的答案

一、1. 电压,电流

    2. 0.4,0.7,0.3,0.3

    3. 0.2mV,0.9mV,100(40dB),100(40dB)

二、答案略

三、输出电压波形

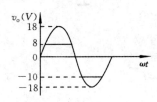

四、1. $R_e = \dfrac{V_{BQ} - V_{BEQ}}{I_{EQ}} \approx 2.8\text{k}\Omega$

     $R_c = \dfrac{V_{CC} - V_{CEQ} - I_{EQ}R_e}{I_{CQ}} \approx 5.2\text{k}\Omega$

     $R_{b1} = \dfrac{V_{BQ}}{10 I_{CQ}/\beta} = 35\text{k}\Omega$

     $R_{b2} \approx R_{b1} \dfrac{V_{CC} - V_{BQ}}{U_{BQ}} = 85\text{k}\Omega$

    2. $\dot{A}_v = \dfrac{-\beta R_c}{r_{be}} \approx -193$

     $R_i = r_{be} /\!/ R_{b1} /\!/ R_{b2} \approx 2.4\text{k}\Omega$

     $R_o = R_c \approx 5.2\text{k}\Omega$

五、1. $I_{E1} = I_{E2} \doteq I_{C1} = I_{C2} = 1\text{mA}$

     $I_{B1} = I_{B2} = 20\mu\text{A}$,

     $V_{CE1} = 3.43\text{V} \quad V_{CE2} = 7.16\text{V}$

    2. $A_{vd1} = -\dfrac{1}{2} \times \dfrac{50 \times (5.6 /\!/ 4)}{3 + 1.2 + (1 + 50) \times 0.08} = -7.04$

     $A_{vc1} = -\dfrac{1}{2} \times \dfrac{50 \times (5.6 /\!/ 4)}{3 + 1.2 + (1 + 50)(0.08 + 2 \times 100)} \doteq -0.29$

     $K_{CMR} = 24.14$

    3. $R_{id} = 2[3 + 1.2 + (1 + 50) \times 0.08] = 16.56\text{k}\Omega$

     $R_{od} = 5.6\text{k}\Omega$

六、1. $V_{omax} \approx V_{CC} = 18V$, $P_{omax} = \dfrac{1}{2} \dfrac{V_{omax}^2}{R_L} = 10.13W$

2. $P_V = \dfrac{2V_{CC}V_{om}}{\pi R_L} = 12.89W$

3. $P_T = \dfrac{2}{R_L}\left(\dfrac{V_{CC}V_{om}}{\pi} - \dfrac{V_{om}^2}{4}\right) = 2.77W$

4. 由 $P_{omax} = \dfrac{1}{2}\dfrac{V_{omax}^2}{R_L}$, 得到 $V_{omax} = 19.6V$, 则 $V_{CC} = V_{omax} + V_{CES} \approx 21.6V$

七、反馈支路由电阻 R_f, R_b 组成, 其反馈极性为负反馈, 其反馈组态为电压并联。

八、

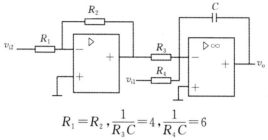

$$R_1 = R_2, \quad \dfrac{1}{R_3 C} = 4, \quad \dfrac{1}{R_4 C} = 6$$

九、图(a)的交流通路如图(c)所示,由图(c)可见,电感线圈抽头与 e 极交流等电位,两端分别与 c 极、b 极交流等电位,满足正弦波振荡的相位平衡条件,为电感三点式电路。其振荡频率为

$$f_0 \approx \dfrac{1}{2\pi \sqrt{C(L_1 + L_2 + 2M)}}$$

图(b)的交流通路如图(d)所示,由图(d)可见,不满足正弦波振荡的相位平衡条件,改正后的电路如图(e)所示。

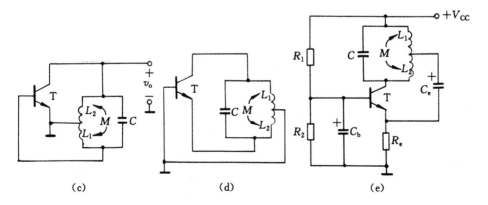

　　　　(c)　　　　　　　　　　(d)　　　　　　　　　　(e)

十、$V_Z = 8V$，$V_{REF} = -\dfrac{48}{7}V$，$\dfrac{R_1}{R_2} = \dfrac{9}{7}$

十一、$V_o = \left(1 + \dfrac{R_2}{R_1}\right)(V'_o + |V_{BE}|) + \dfrac{I_W}{\beta}R_2 = 19.4V$

参 考 文 献

［1］　康华光.电子技术基础模拟部分［M］.4 版.北京:高等教育出版社,1999.

［2］　宋学君.模拟电子技术［M］.北京:科学出版社,1999.

［3］　王远.模拟电子技术基础学习指导书［M］.北京:高等教育出版社,1997.

［4］　教育部高等教育司.全国普通高等学校模拟电子技术基础试题库［M］.北京:高等教育出版社,高等教育电子音像出版社,2002.